VR/AR 在卷烟包装设计中的研究与应用

胡月航　陈芳锐　杨　玺　主编

Research and Application of VR/AR in Cigarette Packaging Design

中国轻工业出版社

图书在版编目（CIP）数据

VR/AR在卷烟包装设计中的研究与应用 / 胡月航，陈芳锐，杨玺主编. --北京：中国轻工业出版社，2024. 11. --ISBN 978-7-5184-5194-4

Ⅰ. TS452-39

中国国家版本馆CIP数据核字第2024Y92H59号

责任编辑：王宝瑶　　责任终审：许春英　　设计制作：锋尚设计
策划编辑：王宝瑶　　责任校对：朱燕春　　责任监印：张　可

出版发行：中国轻工业出版社（北京鲁谷东街5号，邮编：100040）
印　　刷：艺堂印刷（天津）有限公司
经　　销：各地新华书店
版　　次：2024年11月第1版第1次印刷
开　　本：889×1194　1/16　印张：13.5
字　　数：209千字
书　　号：ISBN 978-7-5184-5194-4　定价：138.00元
邮购电话：010-85119873
发行电话：010-85119832　010-85119912
网　　址：http://www.chlip.com.cn
Email：club@chlip.com.cn

如发现图书残缺请与我社邮购联系调换
231977K1X101ZBW

本书编写人员

主　编　胡月航　陈芳锐　杨　玺

参　编　田　原　尹志豇　任宏光　何雪峰　李　超　郭丽娟

前言

随着中国卷烟消费市场竞争越来越激烈，卷烟产品成为一种同质化非常高的产品，传统的卷烟包装技术已难以满足消费者日益增长的消费需求，亟待为卷烟包装赋予新的技术、寻求新突破。以卷烟包装为载体，研究虚拟现实技术（VR）和增强现实技术（AR）在卷烟包装中的智能交互性，以用户体验为核心，凸显消费者的智能体验感、视觉体验感、情景交融体验感，将虚拟现实和增强现实技术与传统的包装技术交叉融合并实现在视觉传达设计中的应用，提出并确定了可视化、可分享、可感知的体验式包装应用新理念。

本书是依托移动互联网，将虚拟现实和增强现实技术融入卷烟产品包装中，赋予卷烟产品包装的趣味性以及互动展示、评价、调研、社交等功能，提升卷烟产品包装技术的信息化以促进行业的高质量发展，助力云南卷烟企业工业4.0及数字化转型，进一步激发消费者、研发人员与产品之间互动的情感心理，重塑品牌视觉体系。

本书共分为九章。第1章绪论，主要阐述卷烟包装设计中虚拟现实和增强现实技术在国内外的应用现状和发展趋势；第2章为VR幻真互动评审系统在包装中的应用研究；第3章为VR幻真互动评审系统软件的设计及实现；第4章为VR幻真互动评审系统的硬件与软件的集成与应用；第5章为AR在包装中的应用研究；第6章为基于AR的趣包装系统架构设计，包括总体架构开发、应用模块功能、内容设计、设计原则等；第7章为趣包装系统客户端详细设计，通过移动终端设备实现以用户为中心的交互系统，实现卷烟产品包装互动展示、调研、评价、社交等功能；第8章为趣包装系统管理端系统设计；第9章为趣包装系统在卷烟包装设计中的应用研究及成果展示。

本书编写分工如下：云南中烟工业有限责任公司技术中心胡月航、陈芳锐、杨玺负责全书的总体规划设计以及书稿的撰写、修改和定稿。其中，

第1章由胡月航、杨玺编写；第2章、第3章、第4章由胡月航、陈芳锐编写；第5章、第6章由陈芳锐、何雪峰编写；第7章、第8章由田原、李超、郭丽娟编写；第9章由陈芳锐、尹志豇、任宏光编写，并指导完成本书包装设计案例。

本书在编写过程中参考了大量国内外相关领域的论文、论著，以及行业及非行业研究成果和案例，在此谨向相关专家、学者以及云南中烟工业有限责任公司的同事致以衷心感谢。当今互联网技术发展日新月异，本书所涉及知识体系和技术不断更新，书中需要完善之处敬请读者指正。

编者

目 录

1 绪论 / 001

1.1 卷烟包装设计中的数字化技术 / 002

1.2 数字化技术成为包装设计新动能 / 004

1.3 卷烟包装设计的现状及发展趋势 / 006

1.4 卷烟包装设计要素与表现技法 / 016

2 VR幻真互动评审系统在包装中的应用研究 / 025

2.1 VR幻真互动评审系统的硬件系统整体技术架构 / 026

2.2 VR幻真互动评审系统的硬件需求 / 027

2.3 VR幻真互动评审系统的设计遵循标准 / 028

2.4 VR幻真互动评审系统的设备选型 / 030

2.5 VR幻真互动评审系统的设备定制 / 032

2.6 VR幻真互动评审系统的硬件集成 / 037

3 VR幻真互动评审系统软件的设计及实现 / 045

3.1 VR幻真互动评审系统的软件需求 / 046

3.2 VR幻真互动评审系统的总体构架 / 048

3.3 VR幻真互动评审系统的PC端软件设计及功能 / 058

3.4 VR幻真互动评审系统的服务端软件设计及功能 / 062

3.5 VR幻真互动评审系统的评审端软件设计及功能 / 069

3.6 VR幻真互动评审系统的系统安全设计 / 073

4 VR幻真互动评审系统的硬件与软件的集成与应用 / 075

4.1 VR幻真互动评审系统的软硬件集成技术实现 / 076

4.2 VR幻真互动评审系统的应用实例 / 090

5 增强现实技术（AR）在包装中的应用研究 / 095

5.1 AR在卷烟包装中的总体技术路线 / 096

5.2 产品包装信息化技术的提升 / 097

5.3 移动互联网+包装应用研究 / 102

5.4 AR应用研究 / 106

6 趣包装系统架构设计 / 113

6.1 趣包装系统总体架构开发 / 114

6.2 趣包装系统应用模块的功能 / 118

6.3 趣包装系统内容设计 / 119

6.4 趣包装系统设计原则 / 120

7 趣包装系统客户端详细设计 / 123

7.1 趣包装系统客户端应用总体设计 / 124

7.2 趣包装系统客户端应用技术框架详细设计 / 124

7.3 趣包装系统用户信息模块详细设计 / 125

7.4 趣包装系统包装信息模块详细设计 / 125

7.5 趣包装系统照片墙模块详细设计 / 126

7.6 趣包装系统版本控制模块详细设计 / 128

7.7 趣包装系统搜索模块详细设计 / 129

7.8 趣包装系统测试详细设计 / 130

7.9 趣包装系统操作说明 / 130

8 趣包装系统管理端系统设计 / 141

8.1 趣包装系统总体设计 / 142
8.2 趣包装系统的系统设计原则 / 147
8.3 趣包装系统详细设计 / 148
8.4 趣包装系统用户管理详细设计 / 152
8.5 趣包装系统权限管理设计 / 154
8.6 趣包装系统分类管理设计 / 156
8.7 趣包装系统版本管理设计 / 157
8.8 趣包装系统推送管理设计 / 158
8.9 趣包装系统客户端信息管理设计 / 158
8.10 趣包装系统管理端操作说明 / 162

9 趣包装系统的卷烟包装设计实例 / 187

9.1 自然系列 / 188
9.2 人文景观系列 / 194
9.3 民族系列 / 202
9.4 结语 / 206

参考文献 / 207

1

绪论

1.1 卷烟包装设计中的数字化技术

一个技术产品的产生通常是由很多个企业互相协作的结果，技术产品的设计开发以及生产可能涉及很多相关的企业，通过互联网技术可以将过去那种由于信息技术封闭产生的分阶段合作方式，转为信息共享的一种协同的工作方式，从而减少因信息不开放而引起的等待时间。随着智能终端设备的加速发展、互联网的快速普及以及移动智能终端应用的不断加快，烟草行业的信息化建设投资增长的速度也明显加快。随着烟草行业信息化基础建设设备的进一步发展，大多数企业都完成了基础信息系统的建设，烟草行业信息化迎来了发展的大好契机。

卷烟包装的设计阶段是指将消费者、市场、法规等要求转换为卷烟产品图样及质量特性，包括将卷烟包装的要求转换为设计要求，并确定实现设计要求的原理方案、结构方案、参数及容差的过程。评审（Review）是为了确保所涉及对象的适宜性、充分性、有效性和效率，以达到所设定目标而实施的活动，普遍意义的评审的定义：评价设计满足质量要求的能力并识别问题，若有问题则提出解决办法，对设计做出综合性、有系统性并形成文件的检查。

设计是卷烟包装质量形成的第一道工序，当一个设计完成了输出以后，就决定了卷烟包装质量水平是否能满足用户期望，是否符合社会要求、符合使用的标准。也就是说，假设是一个落后的设计，即使采用最先进的工艺，也解决不了设计本身的不足。实践证明，抓住设计评审这个关键环节，强化设计中早期报警的职能，使用户期望能准确地转化为设计方案，为用户开发出满意的卷烟产品，是开发设计中必须解决的首要问题。图1.1所示为目前传统卷烟产品包装设计与制作过程，包括：印前设计制作、印制小样、综合评审、确定卷烟包装、上机印刷等几大环节。在这些环节中，当设计方向确定后，反复打样、多方意见带来的多次修改都会无形中使产品设计的效率变低、产品研发周期增

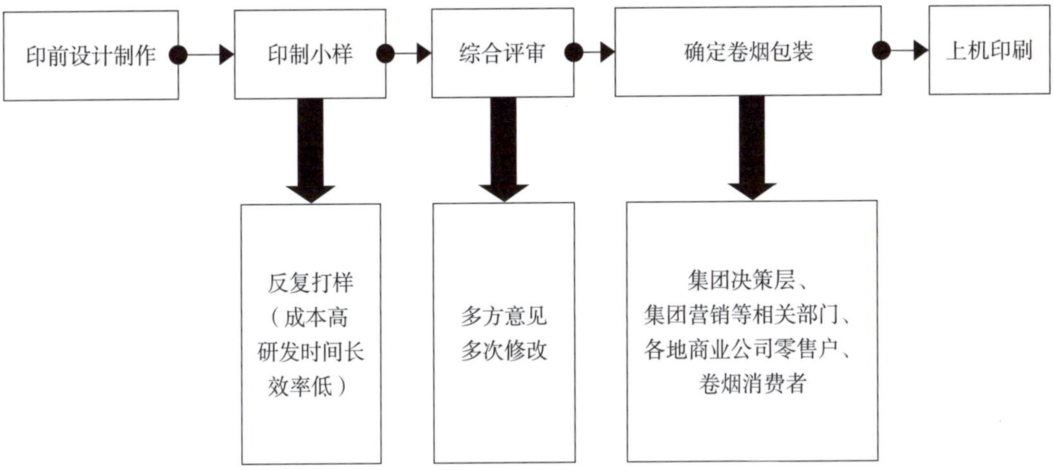

图1.1 传统卷烟产品包装设计与制作过程

长、导致研发成本增加。

“VR幻真互动评审系统”建设的核心目的是要解决卷烟包装设计评审过程中的“反复”问题，借助数字化的科技和新媒体的交互与展示，将卷烟包装设计过程变得可视化、交互化、智能化，使从前“反复”的过程变得可以一步到位，大大提升卷烟包装设计的准确度和效率，节省中间环节，降低开发成本，从而进一步推进企业的数字智能化建设，提高企业整体效益。

在“互联网+”战略提出的背景下，以工业化促进信息化为主要目标，依托移动互联网，将虚拟现实（VR）与增强现实（AR）技术融入卷烟包装中，赋予卷烟包装评价、互动展示、防伪、调研、社交等功能，提升卷烟包装技术的信息化和数字化，实现卷烟包装的“互联网+”程度，通过卷烟产品包装数字化和信息化的提升，带动了包装行业本质的提高，使包装和用户有效地连接在一起，在一定程度上减少了企业和包装行业的成本，提高了企业和包装行业的资源利用效率。

1.2 数字化技术成为包装设计新动能

1.2.1 提升企业综合竞争实力

在企业的发展过程中，相对的低成本是企业发展的根本竞争优势，在市场上保持长期领导地位的企业都是具有其稳定低成本的。近年来，国家烟草专卖局（简称国家局）提出了卷烟包装的工作重点之一是要把降低包装成本作为一项重要而又紧迫的任务，把“包装”在辅料成本中所占的比重下降作为重要目标。据统计部门公布的烟草产能、成本和盈利能力数据显示，2014年1月，我国烟草制造商每生产1万支卷烟要花掉567.04元的成本，其中有119.37元或21%的成本要花在包装上。事实上，居高不下的包装成本给烟草制造商带来了沉重的负担，而包装成本很大一部分来自包装设计过程中的反复和重复。在不断发展的网络时代，烟草企业成本的降低可以借助蓬勃发展的互联网技术来实现，从而提高企业在市场上的竞争力。据不完全统计，应用信息技术的企业平均可以缩短10%～15%的研发周期，节约2%～25%的研发成本，同时还可以减少企业的重复劳动。密切连接卷烟商品的生产和消费，降低交易成本，减少盲目的生产和重复劳动，可以使烟草研发、设计更为简便易行，更好地使烟草企业的生产结构和社会的生产需求相匹配，增强对卷烟产品开发环节的调控力度，以及其对市场的灵敏度。

1.2.2 提高卷烟包装设计效率

包装作为卷烟的外衣具有无可替代的作用。产品是包装设计的灵魂，包装就应该是产品的名片，能在第一时间准确地传达出产品的基本信息。包装也是产品的“影子”，根据产品的特性与个性，使消费者可以通过包装感受产品。

包装更是产品的发言人，通过各种方式与消费者进行沟通，使消费者与产品在精神上达到共鸣。在竞争日益激烈的商品市场中，包装设计可以体现企业文化和塑造品牌个性，达到视觉与心理之间的效应统一。在卷烟企业包装设计的过程中，已经积淀了大量的包装设计案例和资源，但相对分散，且数据庞大，没有成体系保存，虚拟现实和增强现实系统的建设，对形成卷烟包装设计数据库、收集以往包装资源、保存今后包装设计资源，实现资源集约利用有着重大的意义。

1.2.3 实现卷烟包装从平面跨越到立体、从静态跨越到动态、从被动跨越到主动

平面设计的历史，如果从创新发展的角度来看，可以归综为平面设计以“平面”为主的发展时期、以科技创新融入平面设计的创新时期、成为“立体”全景的突破时期的三个历史发展阶段。其中，以“平面”为主的发展时期最长，有了计算机辅助工具后，平面设计有了突破性发展，人们开始关注平面设计，客户也开始注重平面设计的思想变化，让平面设计与其内在表现有了同样的历史地位，这促使平面设计发展到了更新更广的创作领域，使平面设计从创作理念到技术运用都有了巨大发展。平面包装向数字立体互动包装进行跨越转变，让数字信息化科技手段赋予静态的卷烟产品包装以动态的生命，将平面的产品包装赋予立体的AR效果，实现平面烟标虚拟显示立体化，增强视觉效果，使消费者由被动接受信息到主动体验互动信息，增强产品包装的推广性和传播性。

1.2.4 卷烟包装设计评审工作的数字化和交互化

传统的卷烟包装设计与制作的综合评审的过程中，常常出现反复修改的情况，使得反复打样的情况也常常出现。这样的“反复”过程不仅效率低下、对

人工成本和企业成本也造成了极大的浪费。幻真互动评审系统建设的核心目的就是要解决卷烟包装评审过程中的“反复”问题，借助数字化的科技和新媒体的交互与展示，将卷烟包装设计过程变得可视化、交互化、智能化，从而进一步推进企业的数字智能化建设、提高企业整体效益。

1.3　卷烟包装设计的现状及发展趋势

1.3.1　包装设计方法的研究现状

随着现代社会的快速发展，商品经济的日渐繁荣，产品类型的不断更新，包装越来越成为多功能信息聚合的载体，同时这些发展变化也给包装设计提出了全新的要求。传统包装设计包括：市场调研、设计定位、设计表现、实物制作等过程，而随着现代信息技术的不断发展，也催生了很多基于新技术的包装设计方法和体系，在传统包装设计的基础上融入新技术，使得包装设计效率和效果得到极大的优化。

（1）市场调研　市场调研要根据产品的营销性质来确定。对于新产品，需要针对相关市场的潜力、产品包装成功的可能性等方面进行调研；对于改良产品，则需要针对改良的方向、方法与成功的可能性等方面进行市场调研。在具体进行调研时，要根据产品、市场的特点与经费以及其他方面的限制，确定相关的调研条目。一般需要了解以下几个方面。①市场的基本情况：市场的特点与潜力，竞争对手与产品的情况。②消费者的基本情况：如消费者的年龄、经济收入、文化教育情况。③产品的基本情况：品牌形象的知名度、产品的价格、质量、销售情况等。在实施调研时，为了节约经费，必须选择一些具有更高可操作性的方法进行调研，最常见的是表格调研法。可预先设计表格，然后有针对性地对相关人群进行抽样调查。调研进行完毕，必须针对调研结果进行总结，根据需要撰写调研报告。针对调研内容进行客观的整理归纳，并提出设计中的重点问题与需要解决的问题，然后针对产品包装成功的可能性作出结论。

（2）设计定位　设计定位是设计师通过市场调研，准确地把握消费者对产品内在质量和视觉外观的需求，确定设计信息的表现与形象表现的一种设计策略。设计定位的目的是为企业或产品树立一定的特色，以此与其他同类产品相区别，在消费者心目中塑造一种特有的视觉形象。设计定位的展开主要从以下三方面入手：品牌定位、产品定位、消费者定位。

①品牌定位：品牌的定位必须向消费者表明“我是谁”，品牌定位的特点是在包装设计上突出品牌的视觉形象，即突出品牌的色彩、图形、字体形象。

②产品定位：产品的定位必须向消费者表明“是什么商品”，即包装的特性、包装的类型、包装的档次。

③消费者定位：消费者的社会角色定位、消费者的心理因素定位。

（3）设计表现之草图绘制　草图绘制是依据设计定位相关资料，形成包装设计的大致思想，并将这一构思形象化。根据外观草图（造型草图），研究纸面平面展开图，并在绘图纸上精确绘制平面展开图（平面展开图要考虑纸张尺寸、加工方法与成本核算）。草图确定后应与委托客户进行沟通分析，修正草图并将草图构思精确化。修正稿件的过程可以让设计师对设计表现及其表达方式、印刷方式、材质运用等均有明确的认识。确定草图后，就可以进入电脑制作阶段了。

（4）设计表现之电脑制作　电脑制作包装设计效果图包括包装的平面展开图、包装立体效果图，其中平面展开图尤为重要，它是将来的电脑印刷稿，所以要求务必精确，在设计过程中还必须考虑纸张的厚度问题。另外，表达容器造型一般需要“三视图”，即正投影面的主视图、俯视图与侧视图。制图时将造型多部位的尺寸（高、口径、底径、腹宽等）确定后，先取其中线为中轴线，在中轴线上标出多部位的高度，依据高度画出与中轴线相垂直的线，并标定尺寸。目前，电脑印刷稿的制作通常采用Photoshop和Coreldraw等软件来完成。Photoshop主要用于处理图像和照片，还可以制作特殊效果，甚至可以弥补及修整图片。Coreldraw主要用于排版，图形、文字与纸盒结构都需要它来完成。

（5）实物制作　实物制作是指将包装设计立体化。只有通过实物制作才能最终完美地展现设计意图和检验设计效果。在此阶段，包装结构、纸张材料、容器的材料与可能产生的加工工艺最终均会展露无遗。实物制作分2个阶段：打样、成批生产。前期效果图制作完毕后，可先行打样，有特殊工艺的必须注明。如果效果良好可以考虑先进行少量实物制作并试销。投入市场后，根据市场反应，再决定修改与否，最终才大面积投入生产。

随着经济社会的发展，包装设计要与时俱进，不但要有科技作为手段，更要有现代人文思想作为内涵，才能适应市场的需要。包装设计的理念和方法应当符合消费者日益成熟的消费观。好的创意设计、设计表现、实物制作是现代包装设计的精髓。只有这样，包装设计的水平才能得以全面地提升。

现代化的包装设计方法越来越依托于信息技术，基于信息技术的互动包装设计指的是：将“互动”理念融入外包装，创造性地将包装上的信息与信息技术技术进行融合。通过智能移动电子设备建立生产者、用户、商品之间的互动关系，进一步理解商品信息，这种商品信息可以是视频、网络链接或是虚拟的三维（3D）模型等。网络新时代的来临和智能移动设备的普及催生了互动包装的诞生。

（6）云技术实现了资源共享　“云”的出现减少了资源的重复存储概率，在云技术的帮助下用户在个人电脑上的应用和工作都可以放在虚拟平台上，不需要将这些资源物理化。云技术带来的超大容量的存储和超级的计算能力，已被一些具有前瞻性的企业运用在相关的领域，例如土豆网运用云技术将视频内容存储在“云”内，保证每一个用户在任意的时间段都可以享受到流畅的高质量视频内容，从而避免了点击率过高造成的网站崩溃。这为传统商品生产销售模式的改变提供了契机，随着智能移动电子设备的普及，生产者可以将商品信息上传至“云”，消费者根据自身需求下载信息和资料。

（7）虚拟现实技术丰富了表现形式　虚拟现实技术为现代传播媒体提供了时间和空间上的创新平台，为商家展示商品的方式带来新的可能性。虚拟现实技术可使用户和虚拟物体同时出现在真实环境中，并且实现互动，更为重要的是其构建的世界与现实是同步实时的，使得消费者更加容易进入角色，在实用的同时增加了趣味性。虚拟现实技术的运用是多样的，可归纳为以下几种。

①虚拟现实技术的静态运用形式：多运用于展示设计，用户可以运用移动电子设备进行扫描，之后出现特定的虚拟3D模型，用户可以进行小范围地旋转和放大操作，目的是更为详细地查看模型。

②虚拟现实技术的动态运用形式：用户在进行扫描之后，出现虚拟场景、虚拟物体，用户可以使用特定动作，点击屏幕与之产生互动，同时用户也可以进行小范围地旋转和放大，需要注意的是，这种虚拟现实技术的运用需要特定的角度或是图片。

③基于信息技术的互动包装：从消费者角度来说，消费者渴望了解商品的具体信息，在购买之前，关注商品的生产过程是否规范、使用原料是否干净卫生，是否健康实用等信息，基于信息技术的互动包装提供的服务满足了消费者这一需求。对于生产商而言，在购买针对性强或是使用方法复杂的商品时，绝大多数消费者因为缺乏使用经验或是不了解产品本身，购买时易受负面情绪的影响，因此，宣传手段的新颖性显得必不可少。由设计心理学可知，情感直接影响消费者购买商品的决策，在好奇、高兴的积极情感影响下消费者购买商品的可能性增加。结合了信息技术的互动包装设计，无论是内容还是形式对消费者都十分新颖，吸引消费者操作、点击和查看，引起购买欲望。基于信息技术的互动包装并没有增加商品的价值，但是其附带的服务，可以帮助消费者了解到商品全方位的信息，必然使得消费者对产品产生信任感，也使生产商更快捷地掌握到消费者的需求，让整个商品市场健康向上发展。

（8）信息技术下的虚拟场景和物体设计　包装上的图形设计的美观程度直

接影响了消费者的购买，一个美观大方的包装设计会激发消费者的购买欲望，同理，不合适的虚拟场景和物体会让消费觉得商品粗糙不美观。基于信息技术的互动包装有其特殊性，因此，在设计中应该遵循实事求是原则，为了更好地实现与消费者之间的沟通，设计师应该从整体上考虑包装设计的最终效果，将引导消费者进行扫描的设计元素放在包装上的视觉中心，综合考虑图形、文字、标志等每一个设计元素。包装设计的方法可以是多样的，无论是实景拍摄或是个性化矢量图形的综合使用，还是对要传达的内容进行一定程度的美化，都应该准确恰当地表达互动这一特点，将内容和美感发挥到最好，这样才会给商品锦上添花。最后，设计师在满足形式美法则的同时注意与技术人员进行沟通，让图形不但在外形上简洁美观，而且能使得智能移动电子设备可以快速侦测，避免造成不必要的失误，影响用户的使用体验。

近年来，信息技术逐渐被运用在辅助工业产品设计上，但是在包装上的运用还不多见，互动包装对生活质量的提高以及商品经济发展具有重大意义，无论生产者还是监管部门，都应积极创建和谐的商品经济市场。希望通过本研究能够对日后的包装设计有所帮助和参考，弥补信息技术在包装设计中理论上的不足，以及国内对于信息技术互动包装设计研究的空白，希望通过新技术的结合与跨学科、跨专业的创新性研究，探索出互动包装设计的新形式和新方法。

1.3.2 包装信息化的现状和发展趋势

（1）国内研究现状　中国的传统节日较多，又加上中国是一个礼仪大国。人们喜欢在节日期间互相赠礼。为了迎合中国人的消费心理，月饼的包装一度被设计得越来越奢华。过度包装问题一度成为中国包装设计中不容忽视的问题。但是随着近几年人们环保意识的提高，与政府对相关问题的管制，过度包装的问题在渐渐减少。但是相比国外包装设计在用户体验上的考量，我国的包装还是绝大多数处在通过视觉设计吸引人们眼球的阶段，环保意识也没有国外包装那么强烈。随着近几年我国移动互联网的大力发展，智能手机的普及，使得包装设计上会经常出现二维码。虽然还没有达到国外包装设计加入增强现实技术等结合互联网来扩充包装设计的水平。但是我们也在渐渐尝试着将包装设计与移动互联网服务结合起来。用户体验和环保问题将是我国包装设计未来所要研究发展的方向。

（2）国外研究现状　在当下这个电子化时代，人们的需求是与时代特点相符合的，所以国外包装设计师们善于利用各种新技术来帮助实现包装设计中有趣的用户体验。增强现实技术从1990年被提出后，就被广泛应用在各种领域，例如通过计算摄影机影像以移动终端硬件设备为依托，生成一种逼真的视、听、触、动等感觉并能将真实环境与虚拟产生物实时互动的技术，经常被应用在如医疗、军事、电子传媒、古遗迹复原、游戏娱乐等领域。如今，国外设计师将此技术应用到包装设计上，使增强现实技术不再是用在国家公共事业或极少数人才能接触到的领域，而是用在人们的日常生活之中。只要人们拿出智能手机对准包装就能享受到此种技术带来的真实“视听触”的体验。国外的包装设计除了善于利用高新技术以外，还有个共同的特点，就是特别注重环保。只要在百度上搜索环保类的包装设计，绝大多数出现的都是国外设计师设计的经典之作。他们善于从包装材料和结构上去思考，常采用可降解的材料去更少地利用纸张以巧妙地承载商品。

1.3.3　虚拟现实技术（VR）的研究现状

虚拟现实（Virtual reality，VR）技术是一种可以创建和体验虚拟世界的计算机系统，是20世纪末兴起的一门崭新的综合性信息技术。它不仅融合了数字图像处理、计算机图形学、人工智能、多媒体技术、智能接口技术、传感器、网络以及并行处理和高性能计算机系统等多个信息技术分支的最新成果，还涉及数学、物理、地理、美学、气象等学科领域。根据虚拟现实所应用场合的不同，虚拟现实的作用可以表现为不同的形式。例如虚拟现实可以将某种概念设计或构思“可视化”和“可操作化”，即把抽象的概念和想法等用具体的、见得到的东西来表示。虚拟现实技术具有广阔的应用前景，在航空航天、军事、科学研究、工业生产、交通运输、环境保护，以及生态平衡、卫生医疗、经济规划、商业经营、金融流通等领域得到成功地应用，并取得显著的经济效益。随着对虚拟现实技术研究的深入，人们越来越清晰地认识到：虚拟现实系统应当是以和谐的人机交互环境和系统的适人化为目标的多维信息系统，它是人类与计算机和极其复杂的数据进行交互的一种方法，其基础与核心是构造由三维视景组成的“真实”虚拟环境及对这个环境进行交互。

虚拟设计与开发（Virtual design）是以“虚拟现实”（Virtual reality，VR）技术为基础，以机械产品为对象在虚拟环境中进行设计的手段。借助这样的设计手段设计人员可以在虚拟环境中通过多种传感器与多维的信息环境进行自然的交互，对在计算机内建立的模型进行修改，实现从定性到定量综合集成环境中得到感性和理性的认识，从而帮助深化概念和萌发新意。虚拟设计与开发旨在利用软件建立机械系统的三维实体模型和力学模型，分析和评估系统的性能，从而为真实样机的设计和制造提高参数依据。在设计的初级阶段（概念设计阶段）就可以对整个系统进行完整的分析，可以观察并试验各组成部件的相互运动情况。使用系统仿真软件在各种虚拟环境中真实地模拟系统的运动，它可以在计算机上方便地修改设计缺陷，仿真试验不同的设计方案，对整个系统进行不断改进，直至获得最优设计方案以后，再做出真实的样机。虚拟产品是实际产品在虚拟现实环境中的映射，是存储在计算机内部的产品数据模型，亦称数字化试验原型或数字化产品。虚拟原型是虚拟产品的初期形式，具有数字化产品的特性。虚拟原型具有真实产品的所有属性和特征，适合设计人员从不同层次上对产品模型进行定义和施加约束，并且具有动态特性，能够随着设计的进行，逐步更新设计信息。产品开发过程中的虚拟原型可以分为设计原型、功能原型和技术原型。虚拟原型应该能够满足产品开发对以上3种原型的全部功能要求。建立数字化试验模型的目的是对产品外形、功能、使用性、可靠性等进行测试，以便加快决策速度，改善产品开发的并行性。为了对虚拟产品的加工、装配、使用性能等进行建模，必须要有完整可靠的产品描述，不仅包括产品定义数据本身，还包括产品生命周期内所有相应的环境的描述，以及产品和环境相互作用规律的描述。

在计算机技术和虚拟现实技术的推动下，虚拟设计与开发技术不仅能够提高设计效率，还有助于启发新思路、提高设计质量，从而增强产品的竞争力。这对于产品开发和企业发展有重要意义。移动互联网时代结合企业的需求，虚拟现实技术辅助产品设计的实现不仅可以体现在计算机上，更能体现在移动智能终端上，使设计过程变得更加便捷，使设计工作越来越不受时间和空间的限制。

在虚拟设计与开发方面，欧洲国家、美国和日本等的研究体现了虚拟现实的国际发展水平。美国威斯康星大学麦迪逊分校研制了一个虚拟概念设计系统“COVIRDS”，它采用语音识别和手势跟踪系统使用户可以更直观地与虚拟建模环境进行交互，完成快速的概念设计，节省了形状的精确描绘和尺寸定义的时间。美国诺思罗普·格鲁曼公司的自动飞机机身装配程序（AAAP）是一个图形化的装配模拟环境。它允许设计者通过在三维空间中实时操纵零部件对飞机装配中的装配策略、工具应用等进行验证。该系统由立体显示系统、三维鼠标和商用虚拟现实软件组成，主要功能有实时碰撞检测、零件穿透预防、装配件的三维配合（Snap）等。德国比勒费尔德大学的BJung等基于构造工具（Construction kits）的概念建立了一个虚拟装配系统。所谓构造工具箱，是指在制造领域中可重复使用的、具有多重功能的标准零件库。这是一个三维交互式虚拟装配系统，它允许设计者在虚拟环境中通过直接三维操作或简单的自然语言命令与系统交互，利用标准的机械零件构造复杂的装配体。在这一系统中，物体间可匹配性的知识用于支持诸如装配、拆卸、子装配件的旋转等操作。美国通用动力公司的通用电船应用虚拟原型技术，支持新型攻击潜艇项目，至少节约了25%的制造费用。美国克莱斯勒公司与国际商业机器公司（IBM）合作开发的虚拟制造环境被用于其新型车的研制，在样车生产之前，发现了定位系统的控制存在设计缺陷，及时进行改进，从而缩短了研制周期。欧洲空中客车采用虚拟原型及仿真技术，把空中客车的试制周期从4年缩短为2.5年。

我国的西北工业大学分析了基于虚拟原型的系统仿真技术。北京航空航天大学分析了虚拟原型在控制系统设计中的应用，阐述了构筑虚拟原型所需的应用技术。清华大学国家计算机集成制造系统（CIMS）工程技术中心（简称国家CIMS中心）提出了一个虚拟制造体系结构，即基于产品数据管理集成的虚拟制造、虚拟生产、虚拟企业框架结构，并在剑杆织机的虚拟产品可视化、虚拟装配及虚拟机床方面进行了一些研究。上海交通大学CIM研究所提出了虚拟制造系统的5层结构，即界面层、控制层、应用层、活动层、数据层，并对实施虚拟制造技术中的一些关键技术，如智能设计、可制造性自动分析、产品/工艺/生产模型、分布式制造和设计等进行了分析与研究。西安交通大学机械学院CAD/CAM研究所提出了虚拟制造的概念和关键技术。国内的研究偏重于机械领域的虚拟原型以及相关的虚拟制造技术，构造出应用系统的较少。在辅助卷烟产品包装设计方面还没有针对性的虚拟设计与开发平台的构建。把虚拟设计与开发技术应用于辅助卷烟产品包装设计，开拓了虚拟设计与开发技术的又一应用领域。

当今社会，包装在保留原固有功能的基础上常被冠以地位、档次、文化、内涵、修养等附加值。随着社会的不断发展以及人们生活品质的提高，人们对包装的诉求不仅仅只停留在原始功能上，如今我们更多地注重包装与购买者心理上的互动与沟通。一个好的包装往往能在消费者内心深处产生触动并促使购买行为的发生。对于卷烟包装更是如此，卷烟的特质性，使得卷烟不能像其他商品一样走一般的宣传路线，卷烟只能靠产品自身为自己代言。因此，适应时代，传承历史，切合大众心理的包装显得尤为重要。

关于虚拟现实技术应用与卷烟包装设计方面，从国内外的会议、文献以及行业提供的信息来看，尽管国内外有不少关于虚拟现实技术辅助包装设计的研究工作，但大多体现在单点的研究上，其理论框架、技术体系与应用实践从总体来看还比较薄弱，针对虚拟现实技术应用在卷烟包装设计上的研究几乎没有找到相关资料。由于受禁烟公约以及各国政策的限制，各类有关卷烟的正面文献和报道相对较少，关于计算机虚拟现实技术辅助包装设计的资料也很少见。英美烟草集团的德国汉堡研发中心研发了计算机辅助卷烟材料设计系统，从盘纸、嘴棒的诸多指标进行了分析，并建立了多个模型，对烟气指标的分析和控制效果良好，但其详细资料在检索中未查询到。上海烟草集团有限责任公司在美国菲利普·莫里斯公司考察时，了解到其研发的计算机辅助配方设计系统，可根据设定的设计目标快速给出相关原料信息、叶组配方以及辅助材料等，但作者也未检索到其相应的文献资料。

1.3.4 增强现实技术（AR）的研究现状

增强现实技术（AR）起源于20世纪60年代，在20世纪90年代发展迅速，有名的研究机构主要集中在美国麻省理工学院、哥伦比亚大学，以及日本、德国和新加坡等发达国家的实验室，其研究重心多在人机交互方式、软硬件基础平台的研发等。随着技术的不断发展，研究逐步从实验室理论转入行业应用阶段，相关应用早期可以追溯到美国波音公司在设计辅助布线系统时，戴着特殊头盔的工程师可以看到叠加在实际视野上的布线路径和文字提示，从而大大降低拆卸的复杂程度。随着微软、谷歌、脸书、索尼等科技巨头纷纷大举进入AR产业，很多公司已经能够提供成熟的基于个人计算机（PC）或移动设备的增强现实技术解决方案，不仅加快了增强现实技术软硬件及相关应用的开发进程，也拓展了增强现实技术的研究领域。

我国对AR的研究起步较晚，研究机构最初以高校为主，北京理工大学、中国人民解放军国防科技大学、华中科技大学等在AR系统的技术及工程应用等方面取得了一些研究成果。如北京理工大学光电技术与信息系统实验室研发的“数字圆明园”，通过增强现实技术（AR）将真实的场景——圆明园废墟，和实时叠加上去的当年未被破坏前的场景结合，让游客们惊叹梦想照进现实。“现实海底漫游系统”则使游客戴上特制的头盔便可与身边的鱼儿嬉戏玩耍，甚至可以模拟出人向鱼类喂食的场景。这些对增强现实技术（AR）的研究，突破了透视式融合显示、立体显示图形生成等增强现实技术（AR）的关键技术，越来越多地开始在军事、文化、教育、建筑、医疗、工程、设计、影视、娱乐等领域应用。从AR in China（增强现实中国）的数据可以了解到，国内有超过2000个与AR相关的创业公司和团队，开发者数量在2015年上升了350%，超过12万人，联想、百度、360等公司也开始涉足该领域。

1.4 卷烟包装设计要素与表现技法

1.4.1 中式卷烟包装设计内容

中式卷烟包装设计应在色彩、文字、符号、哲学思想、宗教、风俗、历史、材料等设计风格上既要体现出技术内涵，又要以蕴涵深厚的中国民族文化的精髓融合世界优秀文化的精华，进而推动中式卷烟大品牌的发展。卷烟包装主要是指卷烟的外包装，即卷烟盒。按包装材料不同分为纸质包装、木盒包装、盒铁盒包装等；按所装烟支数量有50支、20支、10支和5支装等。目前市面上绝大部分卷烟包装为20支装纸质烟盒包装，其他材料和烟支数量的包装主要用于少量高档卷烟或礼品卷烟的包装。本研究内容主要为纸质外包装盒设计。

卷烟包装（烟盒）设计的基本内容包括：注册商标及标记、生产厂家、卷烟类型、烟支数量、烟支长度、焦油量级、警句和条码标记等。与其他产品设计一样，卷烟包装信息内容的有效传达是通过各种构成要素的设计编排、相互映衬和影响实现的。由于烟包的结构设计相对固定，所以，卷烟包装设计的主要内容是字体设计、图案设计、色彩设计、条码设计、烫金凹凸设计等。此外，卷烟包装更深层次的设计内容还包括产品的感召力、产品适应性及产品的可生产性等。一个好的卷烟包装设计作品要求设计者在进行产品设计之前要从艺术的角度、产品生产工艺的角度及消费者的角度等多方位确定设计方案。因此，卷烟包装设计不仅涉及技术领域，还涉及艺术、心理、经济等领域，必须在具备精神功能的同时还要具备实用功能。

1.4.2 中式卷烟包装设计要素

卷烟包装设计的要素主要包括材料、文字、图案和色彩四个方面。 四个独立的设计构成元素通过一定的排列组合，有机地统一在卷烟的包装上时，产生一种对称、均衡、对比、统一、比例上的形式美，获得和谐、有序的效果，给人的视觉造成一定的冲击感。包装材料是其他三个要素的基础，是评价卷烟包装产品质量的重要依据之一，其地位应该列于四者之首。但研究表明，在中式卷烟包装设计中，随着印刷技术的日益进步和完善，独具特色的汉字、纷繁美观的图案、丰富绚丽的色彩，从很大程度上掩盖了包装材料对消费者心理的影响。本章关于中式卷烟包装设计的要素研究，主要从文字、图形和色彩三个方面进行深入的探讨。

1.4.2.1 文字设计

文字是人类文化的重要组成部分，是记录、表达人与人之间情感和沟通意念的基本符号；作为艺术设计时代具有特征性的形式语言和传递信息的载体，它是最直接、最有效的视觉传达要素。在产品包装设计中，文字集文化信息、表现载体、艺术风格于一体，将所包装产品的内涵特质通过视觉化的表“情”语言传达出来，从而构成了自身的趣味，在内在气韵和外在形式的融合中一目了然地展示其感染力。

汉字作为悠久灿烂的中华文化象征，历史源远流长，在传播人类文明，弘扬中国文化方面有其独特的魅力。作为世界上最古老的象形文字之一，汉字在世界语言、文字艺术中独树一帜。随着时代的变迁，曾经被大规模使用的古埃及的圣书字和两河流域的楔形文字早已消亡。而汉字经过图形文字、甲骨文字一直发展演变到今天的“方块字”，充满着勃勃生机，不仅是世界上迄今为止唯一仍然在使用的具有象形寓意的文字，还是目前使用人数最多，也是寿命最长的一种文字。

如与阿拉伯文字相比，汉字更具备作为装饰的条件。首先，阿拉伯文字笔画简单，不便于形式处理，汉字则笔画较多，在形式处理上有很大的空间；其次，汉字是表意象形文字，在对其进行变形装饰化后，既可以准确表达其文字意义的内涵，也可以准确表达其装饰后的外延意义。汉字中的一笔一画，充满对生活气氛的烘托和对生命意义的隐喻。因此，汉字本身就是美丽的构成图形，具有很强的符号感和高度的艺术造型价值。鲁迅先生曾经讲过中国文字有三美：意美以感心，音美以感耳，形美以感目。在现代装饰艺术（如产品商标、地域标志、会展会徽等）设计中，汉字具有无与伦比的视觉优势和独特魅力。通过装饰设计的特定汉字，既能准确、深刻地表达出历史的、文化的、心理的、主观的、客观的内涵意义，又能充分展现其在纯图案装饰艺术方面的形式美感。由此可见，汉字及其造型凝聚了华夏民族特有的形象思维观念和审美心态，是一种心理写实而又抽象化的表现符号，是一种“有情感的语言图画”。

在中式卷烟包装设计中，利用汉字的构成，不仅仅是一种能表“意”的视觉符号，还是一种有表“情”的、有很强感染力的设计元素。卷烟包装设计师通过设计规范的专用特殊字体及其变化，进行各种字体创意设计，塑造出特有的卷烟品牌形象，从而在人们心目中留下强烈的印象。它与卷烟品牌联系在一起，具有明确的说明性，经过精心设计文字的表现样式、色彩、形态、粗细、字间距等，使之更美观、更具特色。

中式卷烟包装的文字以主体的卷烟品牌名字和其他说明性文字组成，字体设计通过运用字体的种类、大小、结构、不同字体的组合和有序编排等表现技巧和艺术风格，既能有效传达基本信息，又可强化卷烟品牌，形成整体上的协调与和谐，产生视觉上的美感。

1.4.2.2 图形设计

在现代包装设计中，图形是指用图像形式进行视觉信息传播之意，即以视觉形象的形式把商品信息传达给消费者。图形具有直观性和共通性，是一种超越国度、民族之间语言障碍的世界性通用特殊语言。卷烟包装设计的图形不仅要具有相对完整的视觉语义和思想内涵，还必须推敲形式美的规律，结合构成、图案、绘画、摄影的相关手法，通过计算机图形软件处理使其符号化，并且有丰富的可视性、易识别、好记忆等特点。

商品包装上的图形包括产品实物图形、原材料形象、标志图形和象征图形等。图形设计分为具象和抽象两种表现手法：具象的人物、风景、动物或植物的纹样作为包装的象征性图形可用来表现包装的内容物及属性；抽象的手法多用于写意，采用抽象的点、线、面的几何形纹样、色块或肌理效果构成画面，简练、醒目，具有形式感。在卷烟包装设计中，一方面，由于相关法律限制，卷烟包装上不能印刷烟草材料和卷烟产品图形，因此，其图形设计主要采用与卷烟品牌名称相关的图形；另一方面，卷烟包装的平面空间较小（且随着控烟警示的要求，空间将越来越小），其图形设计应采用简单、直观的表现形式但又具有视觉冲击力和感染力，从而吸引消费者的视线，使之产生购买的欲望。

近年来，中式卷烟包装设计在现代国际化设计理念的影响下，呈现出简约风格，抽象图形设计采用简练的线和面构成元素，即以最精练的表现手法表现丰富的内容，达到最理想的视觉传达效果。一些品牌卷烟改变传统风格，设计出个性化、时尚化的产品，给很多消费者带来了完全不一样的认识，为品牌注入了新的活力。如“玉溪8090”的包装图形采用极具抽象化的游艇形式的动感图形作为徽标，与“玉溪”主品牌名组合设计，充满着灵动与活力。和“玉溪8090”的个性化产品名称相对应地，“利群（阳光）”的图案由抽象动感的红色渐变色块赋予品牌的现代和时尚感，似一抹朝霞，又似几缕阳光，是速度的痕迹，又是发展的象征，左上角一缕七彩的渐变色带似神来之笔，更有点睛之妙，整体给人以振奋一新的感觉，让人浮想联翩，又恰到好处，整体图案和色彩的搭配均衡、稳重，华贵而不失典雅。“红塔山（国际100）”图形设计的“峰之彩”标识抽象、简约地体现“红塔山”传统的“山”形图案，同时又以动感形状寓意年轻的激情和一路向上的进取精神。

1.4.2.3 色彩设计

就视觉效果而言，色彩先于形状，色彩在卷烟产品包装中具有先入为主的视觉效果。美国流行色彩研究中心的一项调查表明，人们在挑选商品的时候存在一个“7s定律”：面对琳琅满目的商品，人们只需7s就可以确定对这些商品是否感兴趣。在这短暂而关键的7s内，色彩的作用占到67%，成为决定人们对商品好恶和是否有购买意愿的重要因素。因此，商品包装上的色彩是影响视觉最活跃的因素，色彩设计对于包装商品具有举足轻重的作用。《文心雕龙》中“物色之动，心也摇焉”，道出了色彩影响人们的心理活动，作用于我们的行动。色彩本来没有确定的感情内容，但当色彩作用于人的感官时，一方面，不同的色彩给人不同的感受，可直接带来心理情感的变化；另一方面，由于种族环境、社会制度、哲学信仰的不同，会产生出不同的色彩观念，这些观念反过来影响着人对色彩的态度和感知。人类的审美意识、思维习性给色彩创造出独特的情感体系，即色彩的选择特征。同一色彩对于不同民族会激起不同的习惯性联想，产生不同，甚至相反的爱憎情感结果。不同的人群和个性（包括不同的环境、民族文化、宗教信仰、经济条件、性别、年龄、心理、教养等因素），对颜色的嗜好亦不相同。如中国人通常都偏爱红色和黄色；非洲黑人比较喜欢与皮肤颜色反差大的白色、橙色等艳丽颜色；阿拉伯人喜欢代表纯洁神圣的白色和象征自然生命的绿色；德国日耳曼民族为白色人种，主要选择与他们洁白的肤色相映称的蓝、红、绿等颜色。

色彩的美感随时代变化而变化，如黑色深沉压迫，神秘无情，给人以黑暗压抑的感觉。在西方用于正式场合，显示具有包容和侵占性，可以衬托高贵的气质，流露不可征服的霸气。卷烟包装的色彩设计，就是根据这些色彩选择特征，遵循视觉运动法则，编制合理的设计视觉流程，运用夸张、对比、反复、律动、新奇、特异等手段，以及各种表现技法进行编排、组织和处理，为不同的消费群体设计出符合各自需求与喜爱的包装色彩。

色彩心理学实验研究证实，卷烟包装的色彩在卷烟消费中具有显著的心理暗示作用。如将包装设计和质量完全相同的卷烟，分别用白色、红色、绿色、咖啡色四种色彩包装，然后让不同的吸烟者观察、比较和评价。结果表明，大多数白色包装的卷烟被认为是吸味淡雅、柔和；红色包装的卷烟被认为是吸味浓厚，后劲较足；银色包装的卷烟被认为是吸味醇和、香味舒适、高雅；绿色包装的卷烟被认为是香气丰满、吸味干净、劲头适中；金黄色包装的卷烟被认为是口感醇和、余味悠长。

由此可见，色彩在卷烟包装设计中占有特别重要地位，它能使产品具有明显区别于其他产品的视觉特征，更富有诱惑消费者的魅力，能刺激和引导消费以及增强人们对品牌的记忆。

1.4.2.4 中外卷烟包装色彩设计的比较

调查一：基于中式卷烟包装色彩设计的市场调查与分析。对100多个国产品牌的1000多种卷烟的包装色彩进行调查分析发现，以暖色调作为包装的达到80%，其中红色占41%，黄色占22%。对国内五大品牌系列卷烟包装的色彩进行统计，结果见表1.1。

表1.1 国内五大品牌卷烟包装色彩统计

品牌	色彩									
	红色		黄色		蓝色		白色		其他	
	数量	占比/%	数量	占比/%	数量	占比/%	数量	占比/%	数量	占比/%
白沙	8	32	4	16	3	12	6	24	4	16
芙蓉王	—	—	8	62	5	38	—	—	—	—
中华	17	100	—	—	—	—	—	—	—	—
云烟	23	64	8	22	1	3	—	—	4	11
红塔山	6	30	2	10	1	5	6	30	5	25
合计	54	48.6	22	20	10	9	12	10.8	13	11.6

注：表中色彩指卷烟包装的主色调或基本色彩，其他为混合色或极少量的黑色、绿色等；占比（%）为该种卷烟数量占该品牌卷烟总数量种数的比例。

调查二：众多权威机构的调查报告都显示，消费者对卷烟包装的色彩偏好集中在红色、金（黄）色、白（银）色等，其中70%都首选红色调，在“抽烟习惯问卷调查”中，就卷烟包装对消费者购买习惯的影响进行了调查，其中关于“你在意卷烟包装的色彩吗？如果是，喜欢哪种颜色包装的？”的结果见表1.2。

表1.2　不同人群对卷烟包装色彩的喜好

喜好颜色	受访者年龄组							
	18～25岁		26～40岁		41～55岁		≥56岁	
	人数	占比/%	人数	占比/%	人数	占比/%	人数	占比/%
红	2	5.9	25	29.4	28	41.8	15	51.7
黄	3	8.8	30	35.3	20	29.8	7	24.1
蓝	2	5.9	5	5.9	6	9.0	1	3.4
白	20	58.8	10	11.8	5	7.5	2	6.9
黑	2	5.9	3	4.5	2	3.0	—	—
其他	5	14.7	12	14.1	6	9.0	4	13.8
合计	34	—	85	—	67	—	29	—

在受访的215人中对卷烟包装的红、黄、蓝、白、黑和其他等色彩的喜好比例分别是：32.6%、27.9%、6.5%、17.2%、3.3%和12.6%。从表1.2中可知不同年龄对卷烟包装色彩的喜好差别较大，年轻人喜爱白色和其他浅淡活泼的颜色。

万宝路（Marlbor）卷烟包装上半部采用暗红色，下半部是纯白色，色彩搭配醒目、突出，树立了一个标准的美国西部牛仔的个性化形象：粗犷、自由、独立，是力量与征服的象征。烟盒上方的美国菲利浦·莫里斯公司的烫金标志，是一顶由两匹骏马护卫的金色王冠和黑色的装饰字体Marlbor，给人以气度不凡之感，迎合了消费者敢于创新、有气派、见解独到、事业成功的心理特征。

健牌（KENT）卷烟的包装色彩设计，突出了前卫、年轻的个性，整体以白色为主，一座白色的古城堡耸立在一片白色之中，“KENT”商标用黄色相嵌，金光灿烂，简洁鲜明的色彩与图形却会使人联想起古老的城堡里的贵族生活，由此产生对幸福美好生活的憧憬。

沙龙（Salem）卷烟以白卡纸本色，代表纯洁、浪漫和舒适；牌名文字配以绿色映衬，增添高贵、清新之气；包装顶部为一绿色树形缩影，象征葱郁的树林，体现出“返璞归真”自然意境，其文字下紫红色的一撇具有画龙点睛之效，整个图案色彩显得清新自然、高雅怡人，具有活力感，迎合了知识阶层和女性的审美情趣和消费心理。

加拿大（CANADIAN）卷烟以不同层次的色彩渐变来反映加拿大的国家风貌，隐含崇尚自然的主题。值得注意的是它的警句放在正版上方，以白框黑底来警醒人们。

1.4.3 防伪设计

对于卷烟这样一种具有高额利润的特殊商品，违法假冒伪劣产品时有出现。尤其是一些名牌卷烟，仿制品更甚。卷烟防伪设计，主要体现在包装上。我国烟草行业在卷烟包装防伪方面紧跟时代，发展迅速，成就斐然。有关专家指出，我国卷烟包装防伪技术仅次于，有的甚至达到纸币的水平。各品牌引进和自主高新防伪技术的水平已处于世界领先地位。据报道，已用于中式卷烟包装防伪设计的高新技术有：光谱变色、UV雪花油墨、变频油墨、消光油墨、彩虹镀铝纸、多层染色纸、水印纸、彩色纤维纸、光存储烫金材料、复合膜仿真、脱氧核糖核酸（DNA）生物防伪、DNA三合一技术、光存储压缩技术、高聚物防伪、全息定位烫防伪、扫金工艺、原纸凸印刷、微缩纹、微压纹、三维凸凹、光栅多层防伪、版纹防伪、隐形标识系统、激光编码、在线打码、数码防伪系统、光化浮雕、手工雕刻凹版防伪、原产地标记版纹浮雕技术、激光图案压印转移、四维全息专版防伪、核径迹、二维码防伪等。

上述卷烟包装防伪设计与技术对于辨别卷烟真假，防止伪劣产品，保护品牌声誉，维护国家和企业利益起到了重要作用。但是，目前使用的高科技防伪设计，大都要采取一定的特殊方式实现，因此，卷烟包装的防伪设计仍然是烟草行业需要挑战的问题，易于辨认且具有独特防伪功能的中式卷烟包装是设计师努力的方向之一。

2

VR幻真互动评审系统在包装中的应用研究

2.1 VR幻真互动评审系统的硬件系统整体技术架构

VR幻真互动评审系统的硬件系统整体技术架构见图2.1，整套系统集成包含展示系统、集成控制系统、服务器；集成系统设计中的所有资源文件统一存入服务器集中管理；展示系统硬件可通集成控制系统中的中央控制软件远程打开主机和幻影显示设备。工作时，展示系统中的“显示控制软件”通过从服务器上调取对应展示内容呈现在幻影成像系统屏上，参会人员可通过手中的移动端评审控制软件远程控制呈现在幻影成像系统屏上的画面。

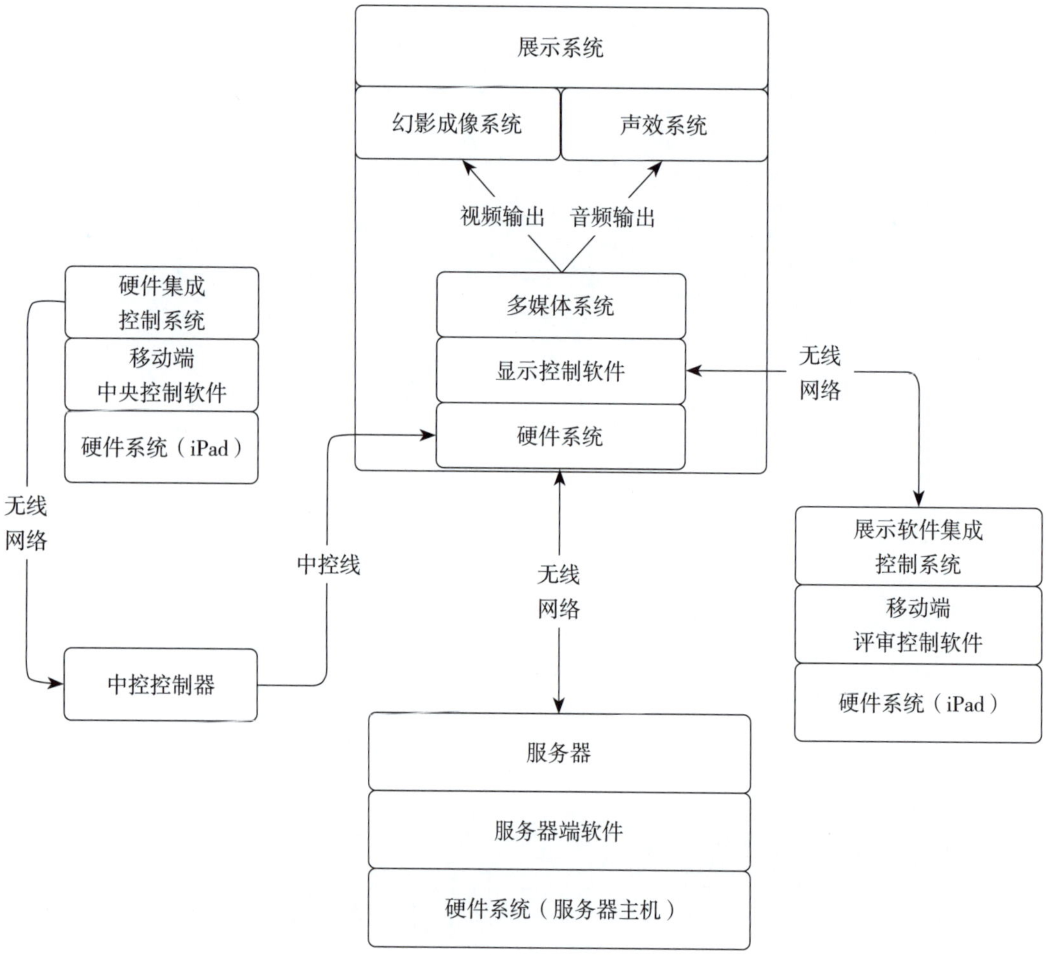

图2.1　VR幻真互动评审系统的硬件系统整体技术架构

2.2 VR幻真互动评审系统的硬件需求

VR幻真互动评审系统的建设和功能有着如下要求：可靠性高，安全性高，操纵灵活，容易扩展，硬件设备安全性高，设计美观，可方便移动。系统应采用先进的技术和系统结构，提高系统可靠性和安全性，减少故障带来的影响；提高冗余配置，具备模块设计，具备扩展能力；采用统一的控制管理系统，可以灵活操作，同时提高二次开发接口，方便和其他系统进行整合。

（1）图像显示效果清晰稳定　图像显示效果清晰，屏幕亮度高显示均匀，色彩还原真实，图像失真小，显示稳定性高，使用寿命长。

（2）各种显示信号的接入能力　能够显示Windows等主流操作系统的计算机图像信号，能够显示PAL/NTSC/SECAM/1080P/1080I/720P等各种视频信号，通过网络途径，可以实现网络信号显示、高分辨率应用画面和视频图像的显示。

（3）高分辨率图形显示　整个显示系统性能提高（1024/1400×列数）×（768/1050×行数）的高分辨率统一显示平台，能够显示各种的高分辨率图形或者应用程序界面。

（4）输入信号扩展能力　整个显示系统对输入信号数量留有一定的余地，容易扩展。

VR幻真互动评审系统的建设过程遵循以下原则。

①先进型原则：采用的系统结构应该是先进的、开放的体系结构，保证系统使用当中的科学性。整个系统能体现当今相关技术的发展水平。

②实用性原则：能够最大限度地满足实际工作的要求，把满足用户的业务管理作为第一要素进行考虑，采用集中管理控制的模式，在满足功能需求的基础上操作方便、维护简单、管理简便。

③标准化和开放性：遵循国际化标准，按照国际化标准建造应用最新的实施方法，合理配套设备，并为今后的发展事先预留出应用端口及软硬件的升级

换代，提高开放性的解决方案。

④可靠性和可用性：选用高可靠的产品和技术，充分考虑系统在程序运行时的应变能力和容错能力，确保整个系统的安全与可靠。选用质量、性能、价格、服务、优异的品牌。

⑤灵活性和兼容性：选用符合国际发展潮流的国际标准的软硬件技术，以便系统有可靠性强、可扩展和可升级等特点，保证今后可迅速采用相关领域出现的新技术，同时为现存不同的相关设备提高互联手段。

⑥安全性：在特殊使用的情况下，必须保证文件信息保存和各种应用系统的安全。

⑦可扩充性、可维护性原则：要为系统以后的升级预留空间，系统维护是整个系统生命周期中占空间比例最大的，要充分考虑结构设计的合理、规范对系统的维护可以在很短时间内完成。

⑧经济性原则：从经济性出发，着眼于近期目标和长期的发展，选用先进的设备，进行最佳性能组合，利用有限的投资构造一个性能最佳的系统。

根据VR幻真互动评审系统硬件的功能需求及工作特点，在进行VR幻真互动评审系统的建立时，遵循“安全可靠、先进实用、统筹规划、逐步落实”的原则，保证系统应用具备较好的扩展性能。

2.3 VR幻真互动评审系统的设计遵循标准

VR幻真互动评审系统设计参照和执行的国家和行业有关标准如下：

GB 4943.1—2022《音视频、信息技术和通信技术设备　第1部分：安全要求》

GB/T 9254.1—2021《信息技术设备、多媒体设备和接收机 电磁兼容 第1部分：发射要求》

GB 17625.1—2022《电磁兼容 限值 第1部分：谐波电流发射限值（设备每相输入电流≤16A）》

GB 14050—2008《系统接地的型式及安全技术要求》

GA/T 75—1994《安全防范工程程序与要求》

GA 308—2001《安全防范系统验收规则》

GB/T 50115—2019《工业电视系统工程设计标准》

GB/T 9361—2011《计算机场地安全要求》

GB 12663—2019《入侵和紧急报警系统 控制指示设备》

GA/T 75—1994《安全防范工程程序与要求》

GB 50343—2012《建筑物电子信息系统防雷技术规范》

GB/T 9771.1—2020《通信用单模光纤 第1部分：非色散位移单模光纤特性》

GB/T 3482—2008《电子设备雷击试验方法》

GB 4943—2001《信息技术设备的安全》

GB/T 10239—2011《彩色电视广播接收机通用规范》

GB 50260—2013《电力设施抗震设计规范》

GB/T 9313—1995《数字电子计算机用阴极射线管 显示设备通用技术条件》

GB/T 6882—2016《声学 声压法测定噪声源声功率级和声能量级 消声室和半消声室精密法》

GB/T 9813.1—2016《计算机通用规范 第1部分：台式微型计算机》

GB/T 191—2008《包装储运图示标志》

实际设计所参照的标准、规范及规定以现行最新版本为准。

2.4 VR幻真互动评审系统的设备选型

VR幻真互动评审设备选型应符合系统整体功能要求，重视系统功能实用性、合理性与兼容性。从经济实用的角度出发，结合当前利益与长远利益，合理进行设备选型，实现互动评审系统的安全稳定可靠运行。

VR幻真互动评审设备选型应遵循以下原则。

第一，先进性原则。采取较为先进的设备，如采取数字音视频技术代替传统模拟音视频技术，保证设备选型先进性，可以提高系统管理与维护水平，保障互动评审系统运行质量。

第二，可靠性原则。保证系统设备运行可靠性，当局部出现故障问题时不会对整个系统的正常运行造成影响，通过选择技术成熟先进可靠的设备，保障系统稳定运行。

第三，实用性与管理便捷性。设备选型应体现出良好的实用性与便于操作性，具备较好的用户界面。

第四，经济性。设备选型应考虑投资经济性，在性价比的基础上选择设备。

第五，可扩展性。因当前科学技术发展较快，为保证设备选型及系统应用质量，应保证设备可扩展性较好，具备良好的升级能力，提高互动评审系统应用质量。

设备选型是指企业从多种可以满足相同需要的不同型号、不同规格的设备中，经过技术方面、经济方面的分析评价，选择最优方案作出购买决策的一种决策行为。合理地选择设备可以使有限的资金发挥最大的经济效益。设备选型首先应该考虑的是生产的适用性，只有生产上适用的设备才能发挥其投资效果，其次是技术上的先进性，技术先进必须以生产适用为前提，以获得最大的经济效益为目的，最后是把生产适用性、技术先进性与经济合理性统一起来考虑。一般情况下技术先进性与经济合理性是统一的，因为技术先进的设备不但具有高生产效率，而且生产的产品也是高质量的。但是辩证地看，有时二者也有矛盾，设备效率高，能耗一般也较大，设备零部件磨损快，所以仅仅根据经济效益来衡量设备所产生的效益也不一定适宜，有些设备技术上很先进，自动化程度很高，适合大批量连续生产，但在批量不大的情况下，往往负荷不足，不能充分发挥设备的生产能力，针对应用公司的实际状况，如何选好设备，保证生产，发挥效率，不仅关系到企业的投资成本，也必将对该企业未来的核心竞争力产生一定的影响，因此对于应用公司而言，建立一个科学的设备选型技术方案是必要的。VR幻真互动评审系统的设备选型的评价指标体系，见表2.1。

表2.1　VR幻真互动评审系统的设备选型的评价指标体系

<table>
<tr><th colspan="2">评价指标体系</th><th>指标重点</th></tr>
<tr><td rowspan="5">设备先进适宜性</td><td>先进通用性</td><td>设备在国内技术水平及设备标准化程度，符合相关技术未来发展趋势</td></tr>
<tr><td>工艺匹配性</td><td>设备能力与相关工艺体系匹配程度</td></tr>
<tr><td>精度适应性</td><td>设备精确度与目标技术参数的匹配程度</td></tr>
<tr><td>环境适宜性</td><td>设备正常运转的环境要求与现有环境的匹配程度</td></tr>
<tr><td>操作简便性</td><td>设备自动化程度的高低及操作、维护、维修的方便性，劳动强度的高低</td></tr>
<tr><td rowspan="2">设备可信性</td><td>可靠性</td><td>设备按照规定方法使用的平均寿命</td></tr>
<tr><td>维修性</td><td>设备按照规定方法和程序进行维修时，修复到规定状态的平均维修时间</td></tr>
<tr><td rowspan="2">安全环保性</td><td>安全性</td><td>设备对操作、维护、维修、人员安全和设备自身的保护能力（安全达标为1，安全未达标为0）</td></tr>
<tr><td>环保性</td><td>设备在生产运行过程中所产生的各种污染达到相关行业标准或国家规定的标准程度（达标为1，不达标为0）</td></tr>
<tr><td rowspan="2">服务保障性</td><td>维修保障性</td><td>设备售后服务的信誉程度</td></tr>
<tr><td>备件保障性</td><td>设备备件供应及时性及性能稳定经济性</td></tr>
<tr><td colspan="2">设备先进适宜性</td><td>涉及技术先进性、工艺匹配性、环境适宜性和操作简便性</td></tr>
<tr><td colspan="2">设备可信性</td><td>涉及可靠性和维修性</td></tr>
<tr><td colspan="2">安全环保性</td><td>涉及安全性和环保性</td></tr>
<tr><td colspan="2">服务保障性</td><td>涉及维修保障性和备件保障性</td></tr>
</table>

结合该评价体系，最终选型的主要硬件设备见表2.2。

表2.2　主要硬件设备技术说明

设备\配件\部件名称	品牌	技术性能参数说明
硬件支撑结构	定制	2.0mm 鞍钢冷轧钣金，哑光或磨砂漆面；全息成像玻璃：光学级别+显示级别防爆处理
功能模块组合	定制	控制主机服务器和音响在柜体内部会有固定，方便客户来回拖拉；底下带四个轮子，轮子材质为带支撑钢套的双刹车聚氨酯（PU）滑轮，具有机械强度高、耐磨、减震 不伤地板等功能
多媒体系统	金士顿、西部数据、影驰、航嘉、北蓝鼠	Intel I5/金士顿8G/西部数据1T/影驰1G独显GT730/航嘉工业电源/北蓝鼠KX-2外置声卡，可扩展
声效系统	惠威	HIVI M50W 2.1声道
高清液晶显示器	三星	三星正品原装液晶电视 UA55HU5903J
显示控制系统	苹果/三星	iPad Air（32G/WIFI版）四台，三星T805C四台
本地主服务器	戴尔	9020MT i7处理器 4790 8G内存 1T硬盘 DVDRW刻录机 1G独显（R5-240）PCI串口
本地热备服务器	戴尔	9020MT i7处理器 4770 4G内存 1T硬盘 DVDRW刻录机 1G独显（HD8490）PCI串口

2.5　VR幻真互动评审系统的设备定制

2.5.1　展示系统

设计流程：根据对使用需求的分析，该硬件产品的实现需要以定制化设计的方式进行，所以对其外观及功能设计采取定制化的方式进行。完成该硬件产品设计，除了要有正确的设计理念和思想的指导外，还需要有一个与之相适应的、科学的、合理的设计程序，产品整个开发过程中有一定的规律性，因此该产品的设计过程整体规划如图2.2所示。

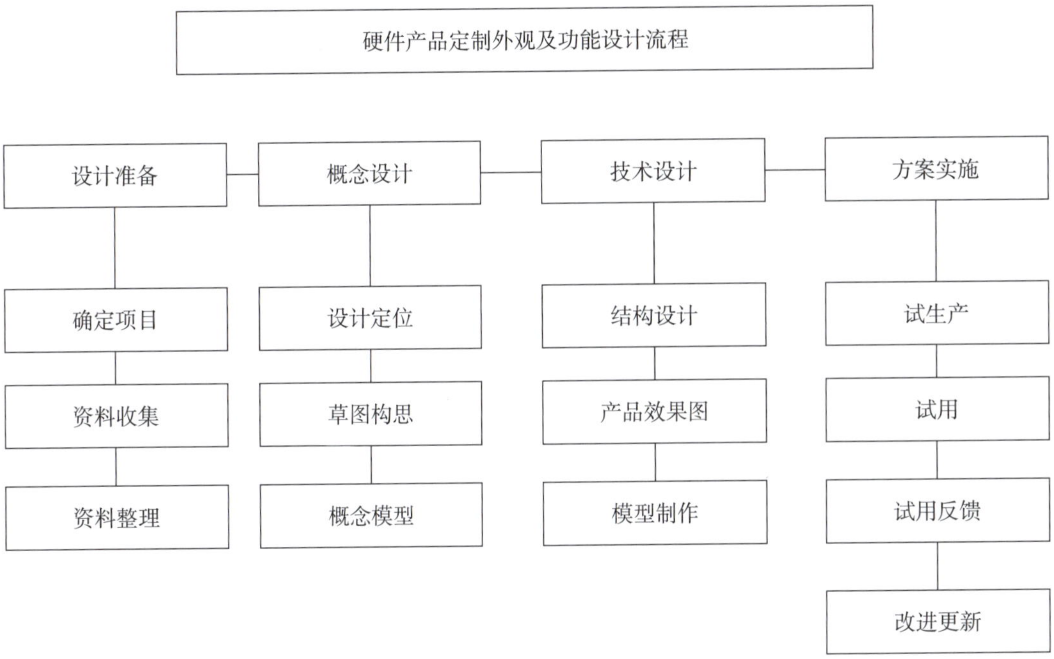

图2.2 产品的设计过程整体规划

第一阶段——设计准备阶段：设计准备阶段包括决定是否进行产品设计的所有研究工作，主要工作有明确设计目标、制订设计计划、调研及资料整理等。

第二阶段——概念设计阶段：在概念设计阶段，设计工作的目的是获得各种解决问题的可能方法，寻找最佳实现产品功能的构成原理。产品概念化的实质是提出问题并解决问题，在解决问题之前首先弄清楚目前存在什么问题，找出构成这些问题的主要因素，有什么问题需要在设计中解决，最后提出解决问题的设想和方案。此时，建立产品功能模型则是必要的工作。

第三阶段——技术设计阶段：技术设计与完善阶段主要解决将功能模型转化为实现产品功能的零部件构造的设计问题，包括实现产品功能的结构方案的选择与确定。方案通过初期审查后对方案要确定基本结构和主要技术参数，而功能的各个分支转化成为实际产品的组件有多种可能的配置，这就需要设计人员借助于设计评价寻求最佳结构设计方案。

第四阶段——设计方案实施阶段：这一阶段主要是方案的优选。选优得到的设计创意必须在技术设计与制造过程中加以实现，此阶段最主要的工作是对购买要素、部件制造、产品组装等依据预定，根据规范和标准将产品具体化。

2.5.2 设计方案表现

设计名称：VR幻真互动评审系统辅助卷烟产品包装设计硬件系统。

设计目标：

①外观新颖美观。

② 材料避免使用易燃、易碎材料。

技术性能：

①零部件的标准化和通用化。

②可灵活拆卸、组装、组装后可灵活移动。

③使用要求：体积大小根据55in（1in=2.54cm）液晶屏作为显示源来定，最佳观看高度在1.65m左右。

④良好的工艺性。

⑤安全性必须符合最新相关标准。

设计展示：硬件产品效果示意图，见图2.3。

（1）正视图

图2.3 硬件产品

（2）侧视图

（3）45°视图

图2.3 硬件产品（续）

2.5.3 硬件框架设计功能模块组合

活动底座：采用高质量的巨重型支撑滑轮作为底座移动支持，活动底座及滑轮铸件强度高、不变形、挂轮采用复合塑料，具有良好的机械性能和耐磨性，滑轮采用万向设计，移动方便。控制主机服务器和音响在柜体内部会有固定，方便客户来回拖拉。底下带四个轮子，轮子材质为带支撑钢套的双刹车聚氨酯PU滑轮，具有机械强度高、耐磨、减震、不伤地板等功能。

音响架：采用钢材质料作为音响支架主材料，表面圆滑、沉稳、坚固，很好地固定了音箱，箱体安装高度符合最优化声学要求，还可适用于前、后环绕卫星音箱。

主机架：内置与硬件系统内部的支撑结构，主要支持主要的显示系统及相关仪器的放置、固定。

光学成像屏幕架及成像结构支架：采钢结构完成对光学成像屏幕的固定，以实现三维画面在立体空间的再现，高质呈现立体影像的高仿真效果。

电源系统：电源系统采用了软开关技术、原边嵌位专利技术、集中散热和电磁屏蔽技术，具有高效、高可靠、超低辐射、维护快捷等优点。

2.5.4 硬件系统支撑结构

整体材料采用0.3mm×2.0mm鞍钢，冷轧钣金，内衬钢架架构，烤漆工艺，整体使用哑光或磨砂漆面。全息成像玻璃实现光学级别配备显示级别防爆处理。

2.5.5 多媒体系统

多媒体系统在图形、网络和软件方面要实现诸多特殊要求。多媒体系统中三维和高分辨率的彩色图形显示最好有丰富的色面、全屏幕和全动作的高质量显示要求，有十分强的图形计算和处理能力，因此计算机系统多媒体系统中要求设有价格较贵的专门图形加速器，而且很注重图形接口标准和图形库的建立。此外，由于大型工程项目设计要求有一组人同时联合工作，每人负责其中一部分设计，但是每人都要访问该工程所需的数据库和图形库，各人之间也要互相交换数据和其他信息。成组计算要求多媒体系统具有很完善的联网和数据传送通信能力，包括局域网和广域网，并很注重网络的标准化、分布式操作系统环境以及在此环境上软件的开发。网络中其他站点（包括不设磁盘的站点）都可以通过网络去访问服务器的大磁盘系统。计算机系统多媒体系统的操作系统必须具有友好的人机交互界面，便于用户在工程设计中对于设计参数和图形的修改和编辑。

2.6 VR幻真互动评审系统的硬件集成

硬件部分是VR幻真互动评审系统的重要组成部分，通过对硬件设备的需求分析、设备选型、定制开发以及集成方法的研发，开发出一套应用于卷烟包装设计评审的VR硬件技术，与应用端及服务器结合，可实现虚拟卷烟包装的高保真三维360°显示。开发此虚拟现实显示硬件，与应用端及服务器结合，可实现无线操控卷烟包装的模拟打样及互动卷烟包装设计评审。

2.6.1 集成展示系统

集成展示系统分为幻影成像系统、声效系统、多媒体系统。集成展示平台系统部署架构，如图2.4所示。

集成展示系统通过多媒体主机，将展示内容输出到数字高清液晶显示器后成像在宽幅面透视光学幕上，形成3D立体的视觉效果。

2.6.1.1 计算机多媒体系统

硬件：计算机多媒体系统配备一台高性能3D实时渲染主机。

系统平台：基于Windows7为操作平台；部署目前流行的解码器和分离器，完成对WMV、DVD等各种常见多媒体格式解码的支持。

显示控制软件：实现从服务器上读取要展示的数据内容并显示出和执行服务器端分发的控制命令，功能框架如图2.5所示。

TCP/IP通信协议：提高底层的网络数据通信。

数据交换模块：实现和服务器上的数据进行交换，实现控制系统的数据交换功能。

展示模块：用来支撑视频、音效、3D模型、图片的展示。

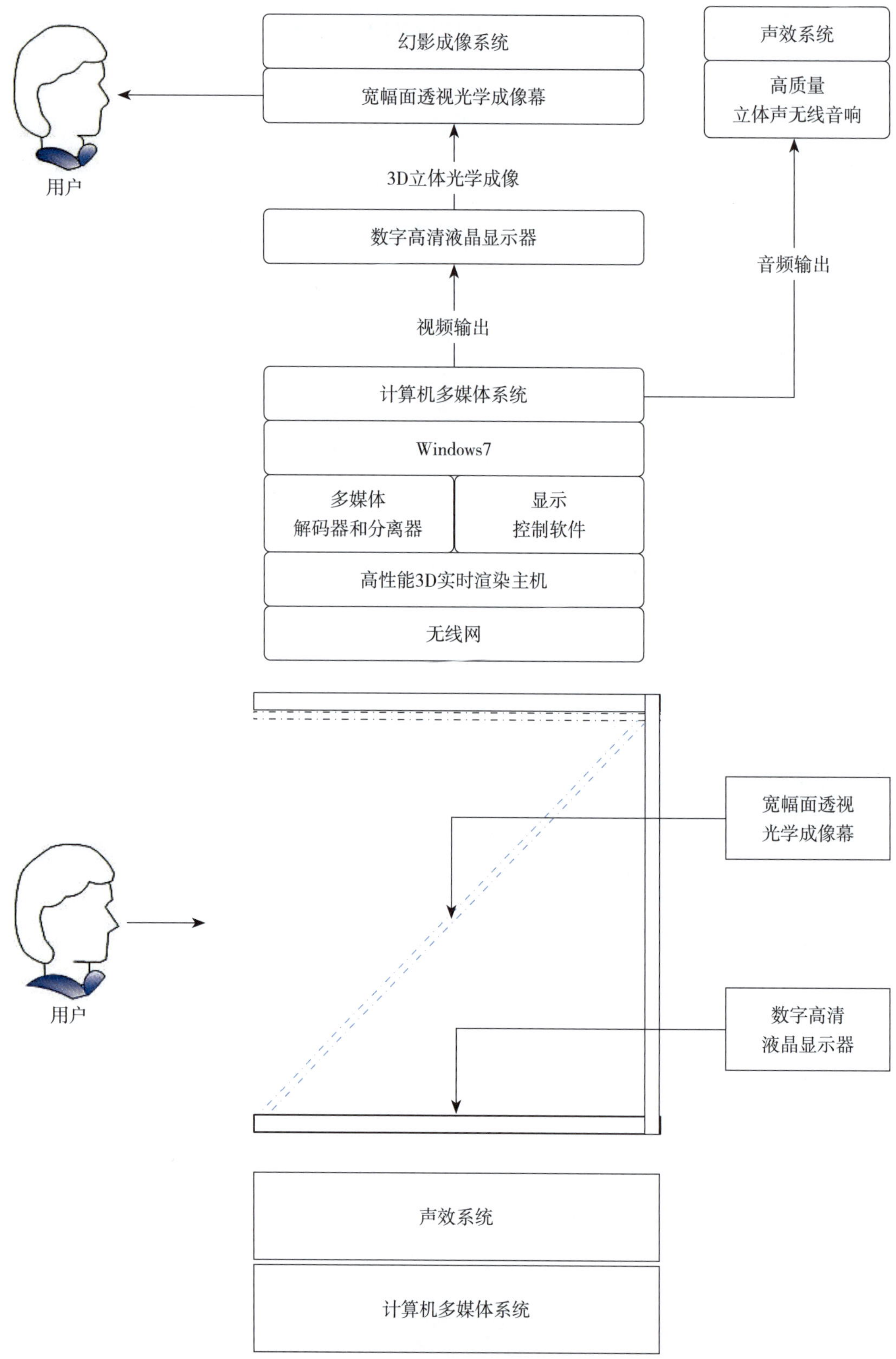

图2.4　集成展示平台系统部署架构

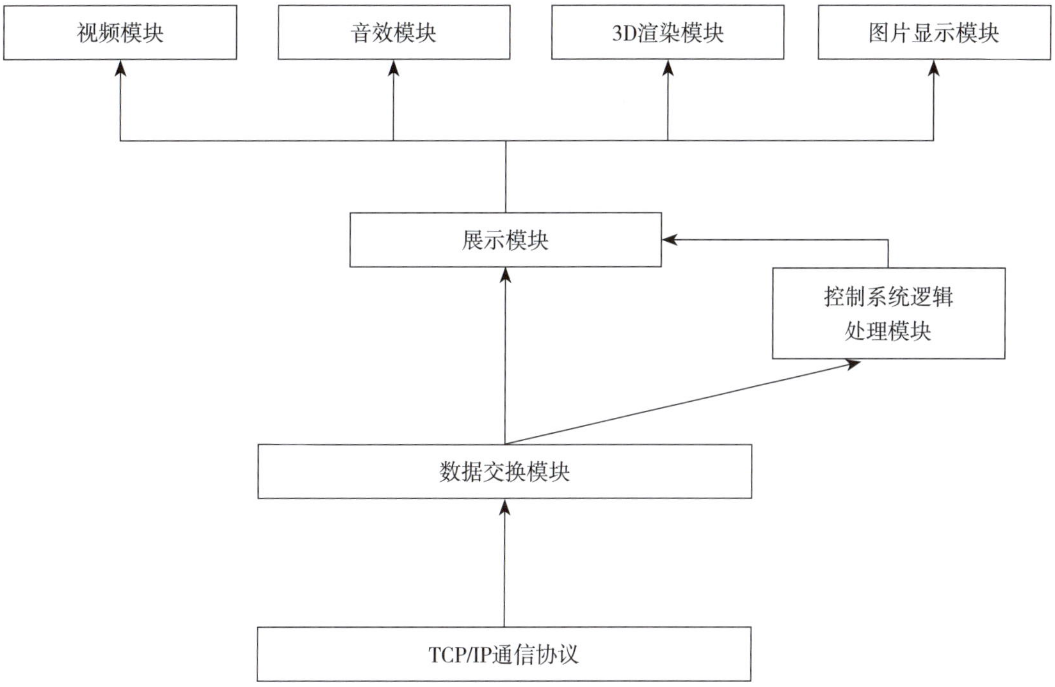

图2.5　硬件系统功能框架

控制系统逻辑处理模块：实现对展示内容的交互操作。

数字高清液晶显示器：用来显示“显示控制软件”展示出来的内容。

宽幅面透视光学成像幕：将“数字高清液晶显示器”上的内容成像在“宽幅面透视光学成像幕”上，让观影者感受立体3D的幻影成像效果。

数字高清高保真显示的实现：数字信号综合处理模块实现数字信号图像的获取、综合处理。数字信号图像的获取主要由外围接口和FPGA（现场可编程逻辑门阵列）定制实现，数字信号图像的综合处理则由DSP实现。

数字信号系统的设计包括硬件设计和软件设计。硬件部分需要提高的主要功能包括：

完成标清PAL制式模拟数字信号数字化；

HD-SDI接口1.485GHz高速串行数据流的初步降速（串转并）和同步时钟提取；

DPRAM（双端口存储器）缓存两帧高清数字信号图像；

FPGA（现场可编程逻辑门阵列）完成互联接口搭建和标清/高清图像的抽

取预处理；

搭建基于TMS320C6416 DSP（数字信号处理）的数字图像系统硬件平台。

2.6.1.2 系统硬件整体方案

综合处理模块由数据输入/输出接口、PowerPC模块、数字信号处理（DSP）模块以及现场可编程逻辑门阵列（FPGA）模块所构成。模拟数字信号输入接口将输入的模拟PAL制式数字信号变为数字信号送入FPGA；数字信号输入接口将从IUD-SDI输入的高速数字串行数字信号转变为低速的并行数据送入FPGA。系统板通过嵌入式千兆网与上位机进行交互，接收上位机指令并反馈状态和处理结果。

2.6.2 集成控制系统

集成控制系统分成硬件控制、展示软件内容控制和一个中控控制器。系统设计中，可通过移动端硬件中央控制的软件实对幻影成像系统中的数字高清液晶显示器和多媒体计算机主机进行开关机的远程控制；应用移动端评审控制软件来实现对幻影成像系统中的展示内容进行远程操作控制。集成控制系统功能框架如图2.6所示。

2.6.2.1 集成控制系统硬件控制

集成控制系统硬件控制实现对幻影成像系统的硬件开关机远程控制，如图2.7所示。

移动端硬件中央控制软件：软件功能模块分别设计以数字高清液晶显示器和多媒体计算机开关、关机功能来控制，还包括幻影成像系统的液晶显示器和多媒体主机的电源开关机。

中控控制器：产品可控制12个电路通断和12个RS232（串口通信）。媒体控制端的数量可达100以上。可以很容易地根据实际需求加装硬件控制的数量。控制器的功能为通过串口向投影机发送指令和通过继电器的闭合控制主机

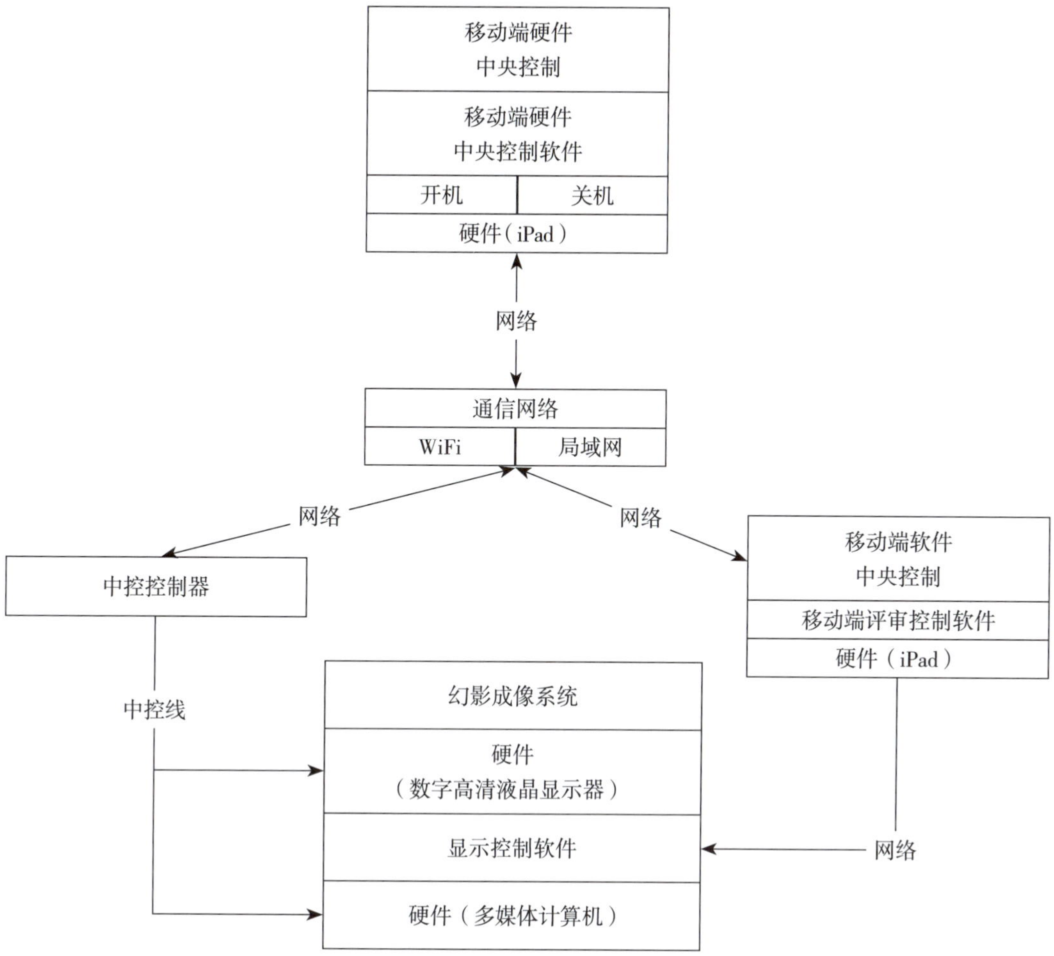

图2.6 集成控制系统功能框架

开关。通过继电器闭合控制主机开关。当收到指令时，控制器会闭合相应通道的继电器2s，从而打开、关闭电脑主机。同时控制器还能够通过电脑主机是否处于供电的状态判断电脑主机是否开机。

2.6.2.2 集成控制系统软件控制

移动端评审控制软件实现对幻影成像系统中的“显示控制端软件”所展示的内容操作进行远程控制。移动端评审控制软件按功能可划分为视频展示控制模块和音效控制模块、3D模型展示控制模块和图片展示控制模块；显示控制端软件按功能可划分为视频模块、音频模块、3D渲染模块和图片显示模块。集成控制系统软件控制见图2.8。

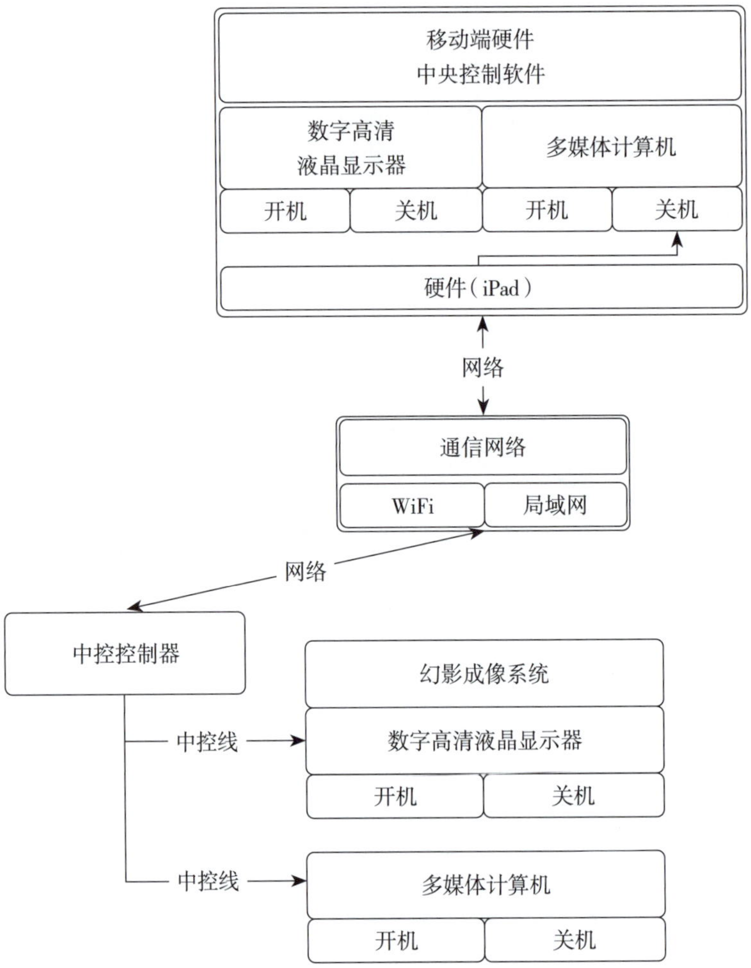

图2.7　集成控制系统硬件控制

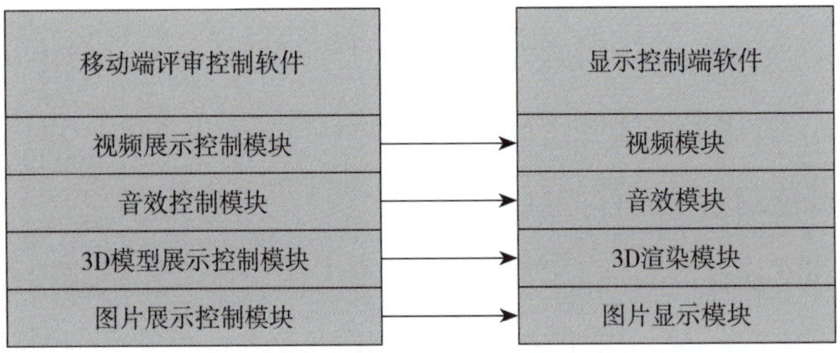

图2.8　集成控制系统软件控制

2.6.3 服务器

服务端主要为展示、设计资源提高分类存储和管理，服务端功能框架，如图2.9所示。

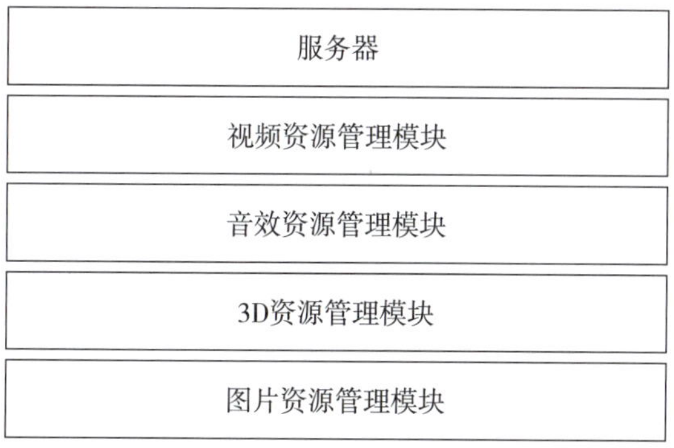

图2.9 服务端模块

视频资源管理模块：将视频文件进行统一管理。

音效资源管理模块：将音效文件进行统一管理。

3D资源管理模块：将3D文件进行统一管理。

图片资源管理模块：将图片文件进行统一管理。

2.6.3.1 集成控制系统安装与部署

集成控制系统安装与部署，含硬件控制器和软件两部分。软件部分为Client（客户端）软件和Server（服务端）软件。

2.6.3.2 整体环境要求

符合普通电子设备安装环境；

有WiFi网络或其他局域网（不要求连外网）。

2.6.3.3 硬件控制器安装要求

符合普通电子设备安装环境；

用普通有线网线连接控制器和路由器（或其他局域网HUB设备，如交换机）。

2.6.3.4 Client（客户端）安装环境要求

硬件配置：

苹果iPad2以上，IPhone4以上；

市面上普通双核处理器以上的平板或智能手机或普通PC。

操作系统要求：

IOS 5.1以上或Android4.0以上，或普通PC Windows系统。

网络要求：

能够正常连接WiFi或有线网络通信。

2.6.3.5 Server（服务端）安装环境要求

硬件配置要求：

CPU：Intel I5处理器及以上，或同等性能的AMD CPU（推荐I5以上处理器）；

内存：4GB 及以上；

硬盘空间：1GB及以上空余；

显卡：能支持影片播放的显卡即可；

网卡：普通100M自适应网卡及以上。

2.6.3.6 操作系统要求

Windows7 Home Basic版以上（请勿安装服务器版本操作系统）；

安装Net FrameWork4.0框架（软件安装包带有）；

安装IIS组件或其他能够提高WEBSERVER功能的软件。

2.6.3.7 网络要求

能够正常的连接WiFi和有线网络通信。

3

VR幻真互动评审系统软件的设计及实现

3.1 VR幻真互动评审系统的软件需求

VR幻真互动评审系统的软件需求，见表3.1。

表3.1 VR幻真互动评审系统软件开发需求

需求项目		需求说明
样品制作	效果示意设计	有iPad端示效果示意图
		有PC端示效果示意图
		有显示端示效果示意图
试（实）验	定制软件功能研发与测试	软件功能研发测试：部分功能因为是定制化，需要前期先研发再测试
	定制硬件研发与测试	硬件功能研发测试：涉及结合硬件一起使用，硬件部分功能需要前期做研发测试
	软件、硬件集成研发与测试	软硬件集成测试：将定制软件硬件做兼容研发测试
	测试服务器	网络数据测试：涉及服务端与用户端的数据交换，开发过程中都需要云服务器来测试整套系统
软件开发	虚拟现实3D交互开发	三维模型制作：虚拟现实三维模型立体展示
		特效制作：虚拟现实特效制作
		动画制作：虚拟现实模型动画制作
		场景渲染制作：虚拟现实三维渲染
		场景烘焙制作：虚拟现实场景烘焙
		烘焙贴图二次绘制制作：虚拟现实三维物体烘焙贴图二次绘制制作
	UI制作	3套用户端程序UI设计：三套系统的整体平面设计相关工作，如模型贴图设计、展示效果设计等
	平面图文排版设计	3套程序相关平面设计：三套系统的整体平面设计相关工作，如模型贴图设计、展示效果设计等
	服务端开发	超级管理员管理模块： 用于初始化系统超级管理员，登录系统管理后台，进行后台管理权限控制
		设计师账号管理模块：用于系统超级管理员进行设计师账号分配和设计师权限设置
		评审员账号管理模块：用于系统超级管理员进行评审员账号分配和评审员权限设置

续表

需求项目		需求说明
软件开发	服务端开发	展示控制员账号管理模块：用于系统超级管理员进行展示控制员账号分配和展示控制员权限设置
		素材存储模块：用于存储设计师上传的设计素材
		设计方案生成模块，分为两个子模块： 设计师初步设计方案生成模块，用于将设计师上传的设计方案图生成三维设计方案； 评审员修改方案生成模块，用于评审员修改方案
		设计方案存储模块，分为三个子模块： 初步设计方案存储模块，用于设计师初步设计方案存储； 评审员修改的设计方案存储模块，用于评审员修改的设计方案存储； 最终设计方案存储模块，存储最终设计方案
		设计方案冲突规则管理和设计方案合并模块：用于解决多个修改方案冲突和多个修改方案合并，并生成新的三维设计方案
		三维显示端展示模块：用于显示初步三维设计方案，修改三维设计方案，显示最终三维设计方案
		设计方案统计模块：用于统计各个设计方案的通过率
	iPad评审端开发	评审员登录模块：用于权限控制和数据上传时身份凭证
		素材浏览模块：用于评审员进行所有设计师上传素材浏览
		设计方案浏览模块：用于评审员进行所有设计方案浏览
		设计方案修改模块：用于评审员对设计方案进行修改
		设计方案上传模块：用于评审员对自己修改的设计方案进行上传
	PC设计师端开发	设计师登录模块：用于权限控制和相关数据上传时所需的身份凭证
		素材上传和素材修改模块：用于设计师进行素材上传操作和修改操作
		素材浏览模块：用于设计师进行已添加素材浏览
		设计方案合成：用于设计师进行图片素材和模型合并
		设计方案浏览模块：用于浏览设计师合成的三维设计方案
	显示端控制开发	显示管理员登录：用于权限控制和控制指令上传时所需的身份凭证
		显示内容控制：用于对三维显示端显示控制，排序和显示内容制订
其他	培训	全套系统使用说明书撰写及真机使用培训
	专家咨询	特殊专业知识咨询

3.2 VR幻真互动评审系统的总体构架

VR幻真互动评审系统的设计共分为四个端：分别为PC设计端、PC展示端、服务器端、iPad控制端。

PC设计端：PC设计端开发一套“评审系统设计端软件”，实现将烟包平面设计稿图片资源导入评审系统控制端软件，在软件中可将平面设计稿图片转化为直观的仿真3D烟包，并可在编辑平面设计稿贴图的同时，将仿真3D烟包实时渲染出结果。同时，可将设计稿图片或3D烟包小样资源存入服务器中统一管理、调用、查看。

服务器端：服务器端实现PC设计端的资料存储管理和用户权限管理与分配。

PC展示端：PC展示端开发一套“评审系统展示端软件”首先从服务器上调用评审资源，然后完成评审烟包设计的最终展示与评审。

iPad控制端：iPad控制端开发一套“评审系统控制端软件”，实现让评审员远程控服务器的展示内容，如选样、旋转、缩放、投票。

如图3.1所示，首先在PC设计端进行编辑，如加载贴图、编辑展示效果、成生样品，提交至服务器端；服务器端可分类存储资源文件，供PC（平板电脑）设计端和PC展示端调用资源文件；需要展示时，由PC设计端调用服务器端上的资源文件，并在大屏上展示；为了方便参会人员与展示内容实时交互，可通过移动iPad控制端操作PC展示端上的展示内容，见图3.2。

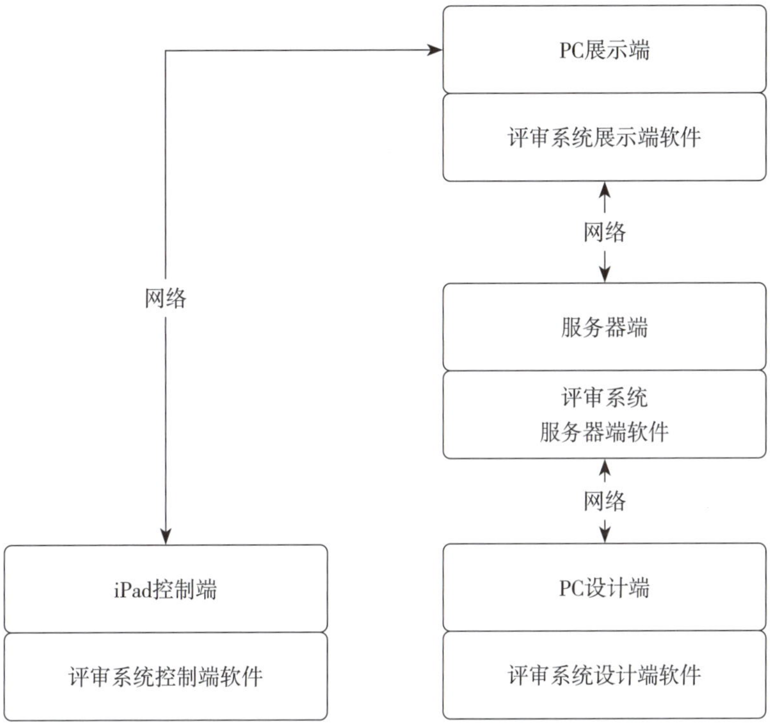

图3.1 VR幻真互动评审系统总体架构

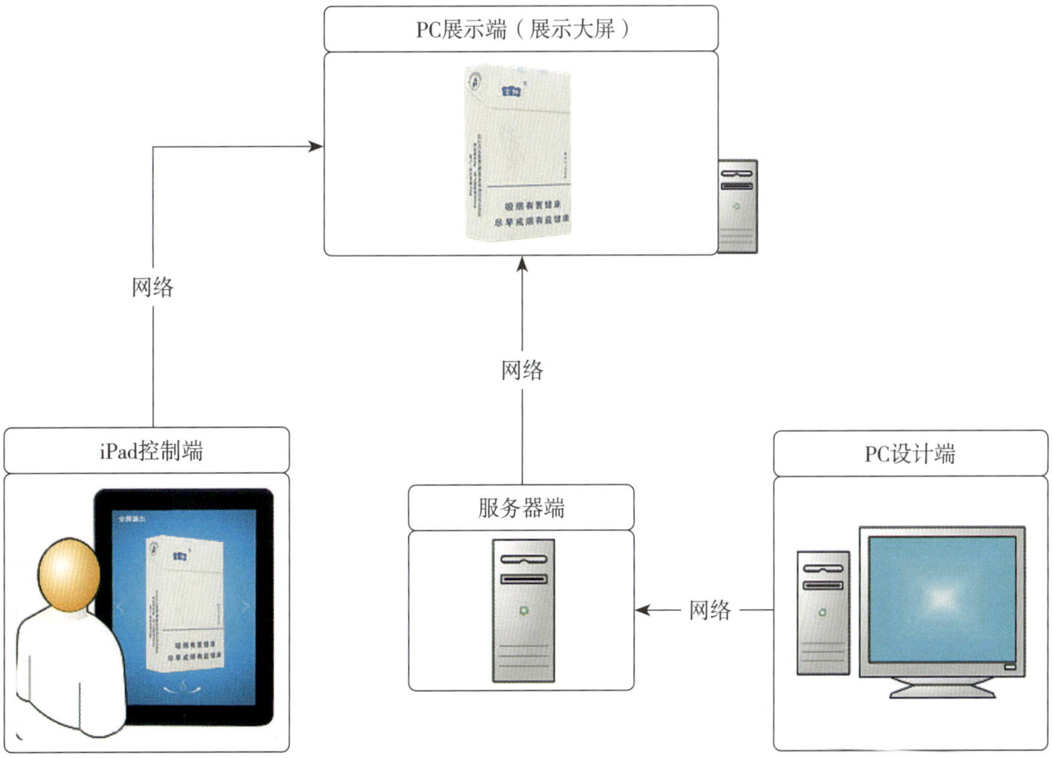

图3.2 iPad控制端工作示意图

3.2.1 系统整体逻辑架构及虚拟场景的展示

3.2.1.1 虚拟系统的体系结构

（1）客户端/服务器结构（C/S结构） 该体系结构在实现网络虚拟现实方面是目前Web上采用比较多且最简单的结构。该体系结构的应用由客户端以及服务器构成，它们通过网络进行通信，该结构能够使系统资源得到充分利用，该系统资源来自整个计算机网络。它们之间的通信过程即为客户端发送数据请求，服务器则接收该请求，接收后做出相应的处理，最后再将结果反馈给客户端。

如图3.3所示，C/S结构模式下，对其Web服务器的性能要求不高，因为该服务器很少用到，仅仅在处理客户端的网络连接以及数据请求、下载时用到。在客户端中，为了能够得到更加逼真的三维场景和多变的漫游方式，会用到实时渲染引擎插件。但是也存在很多不足，比如交互不是很好、无法自主漫游、无法对独立的对象进行属性信息查询等。

（2）浏览器/服务器三层结构（B/S体系结构） 该结构体系中的技术为互联网/内联网服务构建技术，大型的虚拟现实系统常用到该结构体系。图3.4所示为该体系在网络虚拟现实系统中的结构。由于该体系结构在 C/S结构的主要组成基础上增加了应用服务器，而为了让应用系统受数据库变化的影响不会太大，将数据库与应用系统分开。此外，该结构体系中应用服务器在处理客户端

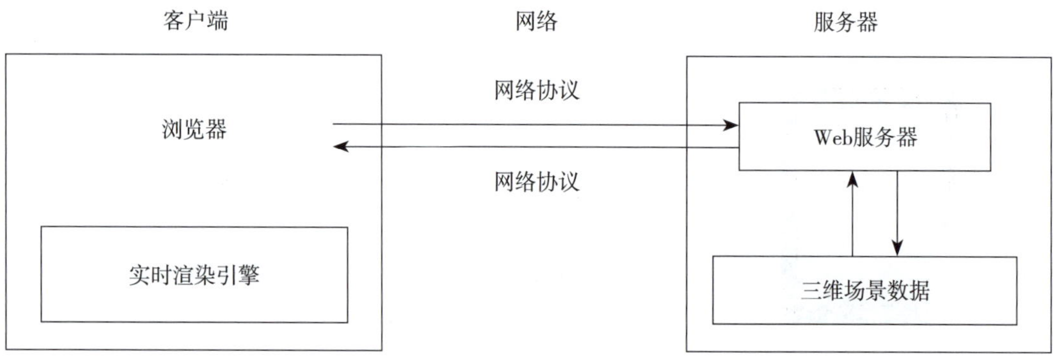

图3.3 C/S结构

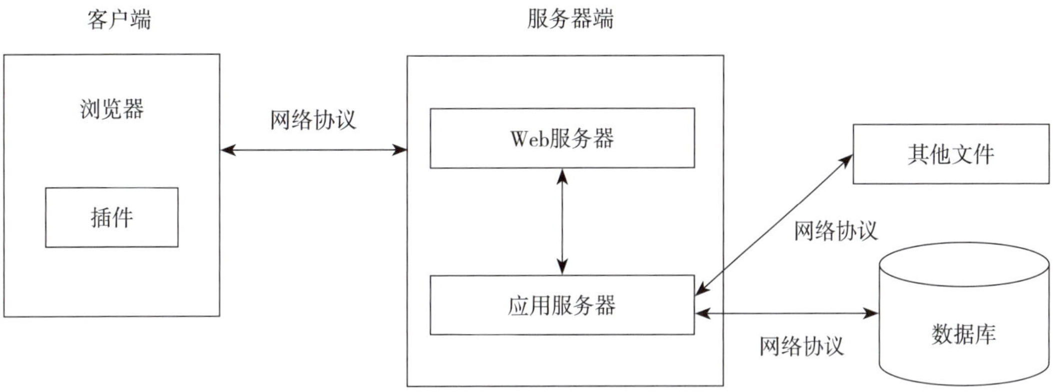

图3.4 B/S体系结构

的数据下载请求以及交互查询等功能上起关键作用。客户端浏览器和Web服务器进行通信时通过网络协议（HTTP），客户端浏览器发送请求数据服务，然后相关服务数据将由服务器返回。

该结构体系中的应用服务器，提高了虚拟现实系统的性能，将虚拟现实系统提升到另外一个平台，方便了系统的开发以及维护；不需要很好的硬件设备，对硬件在客户端方面的要求很低。因此，这种浏览器/服务器三层结构在实现虚拟三维场景展示以及漫游时经常采用。为了实时显示虚拟场景，本研究在HTML5的浏览器上进行展示，用户只需在支持HTML5的浏览器上就可以选择虚拟场景，实现虚拟漫游等操作。目前谷歌等浏览器可作为展示平台，本研究是在谷歌浏览器条件下进行展示。

3.2.1.2 虚拟场景的展示

用户可以访问主页，选择自己感兴趣的虚拟场景，然后在其中进行浏览，足不出户观看展示，并在虚拟中实现场景漫游等一系列操作，这些漫游操作都是在支持HTML5 Canvas（绘图软件）的浏览器下完成。图3.5所示为实时展示虚拟场景的浏览器工作流程。

但是用户仅仅在场景中进行简单的浏览远远无法满足用户的需求，为了场景的真实，用户和展品之间还需要很好的交互，因此在漫游虚拟时需要浏览器下载漫游插件。为了完成场景的展示，不仅需要对场景文件的解析，还需要在Canvas（绘图软件）元素中调用绘制模块，这些场景数据文件是浏览器通过服

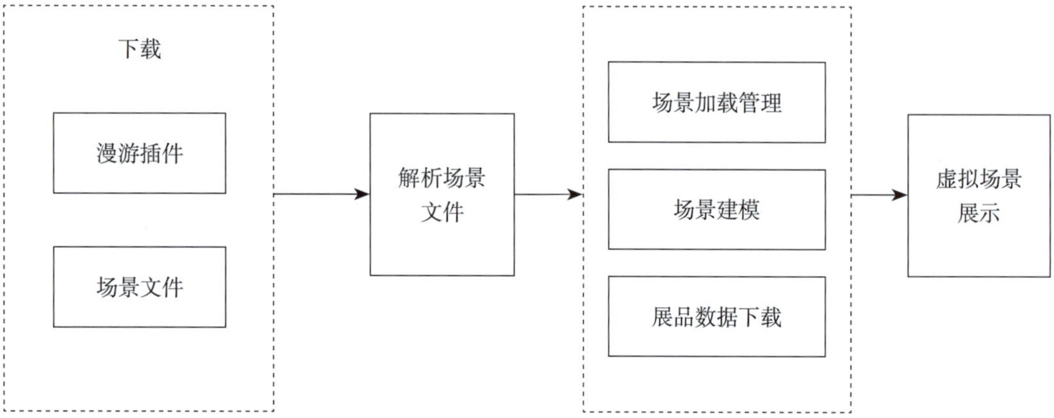

图3.5　实时展示虚拟场景的浏览器工作流程

务器得到的。

3.2.1.3　虚拟场景的漫游

虚拟场景漫游可以使用户有身临其境的感觉，为了实现这种漫游，主要应用漫游插件Java评审端应用程序Let——它其实是一种Java程序，该程序集成在 HTML页面中，具有很强的移植性，兼容性好，只要浏览器兼容Java，则就可以很好地运行。Java评审端应用程序Let，应用在虚拟漫游场景中，可使用户与漫游系统的交互更加流畅，系统的沉浸性在很大程度上得到提高。其工作流程如图3.6所示。

第一步，客户端向服务器发出操作数据请求，该发送过程通过浏览器页面完成。

第二步，服务器反馈数据给Java评审端应用程序Let。

第三步，启动Java评审端应用程序Let，并利用该插件处理数据。

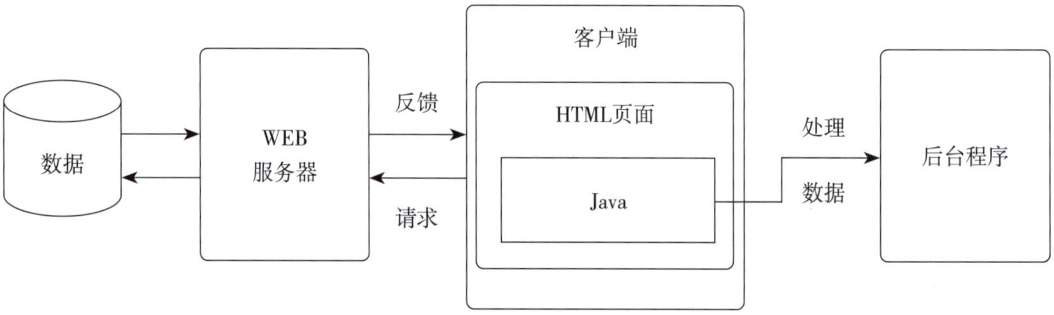

图3.6　Java评审端应用程序Let 的工作流程

在客户端中，Java评审端应用程序Let运行时，客户端发出数据请求以后，服务器才能够获取，但也只能在漫游数据发出请求之后。这种运行方式，不但节省了网络的带宽资源，而且使整个系统能够很好地运行。用户在虚拟中漫游时可以自动漫游，也可以自主漫游：用户在自动漫游时没有主动权，漫游路线提前设定好了，所以用户达不到真正的漫游效果；相反用户在自主漫游时区别于自动漫游，可以随心所欲地进行漫游，漫游路线由自己掌握，当然在此过程中用户会借助场景中的硬件设备进行视点控制，比如移动智能设备、鼠标、键盘等输入设备，最后真正达到漫游的效果。

3.2.2 虚拟现实技术与移动智能终端应用开发结合，实现产品的三维仿真展示

本研究中产品虚拟展示平台的构成如下。

工具软件和数据库主要是指在将模型导入虚拟开发系统进行交互开发前，利用工具软件准备所需要的产品模型及场景模型等数据。虚拟现实系统部分，是指利用项目所选定的虚拟开发系统对虚拟场景进行虚拟开发，以达到用户交互式浏览和操作产品模型的目的。用户和任务部分是指产品虚拟展示系统根据用户的输入指令完成相应的交互操作，来完成对应的用户需求和任务。

任何软件系统，从根本上说，都是对数据的加工和变换。数据流图有助于开发者从信息域和功能域的角度来理解软件。图3.7所示为本研究的产品虚拟展示平台数据流图。

在图3.7中，圆框代表加工；箭头代表数据的流向，数据名称标在箭头的上方；方框代表数据的源点和终点，也就是数据源或者数据汇。此产品虚拟展示平台的数据流图，只标注了对于整个产品虚拟展示平台而言，有哪些主要的数据输入和输出。如图3.8所示，用户可以通过人机交互设备向该产品虚拟展示平台发送指令信息，对平台进行相应的操作。同时，该平台还可以接受从产品模型库中导入的产品模型，产品模型数据是整个平台的功能得以实现的基

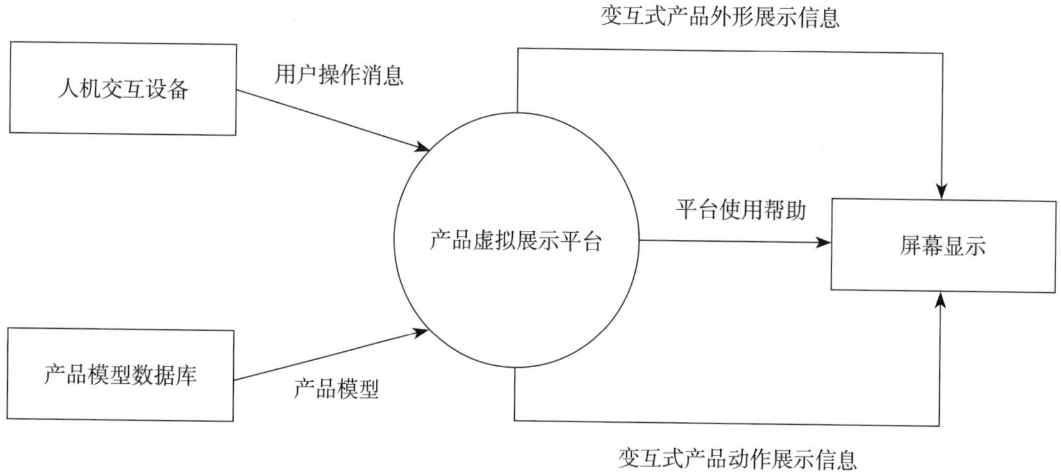

图3.7　产品虚拟展示平台数据流图

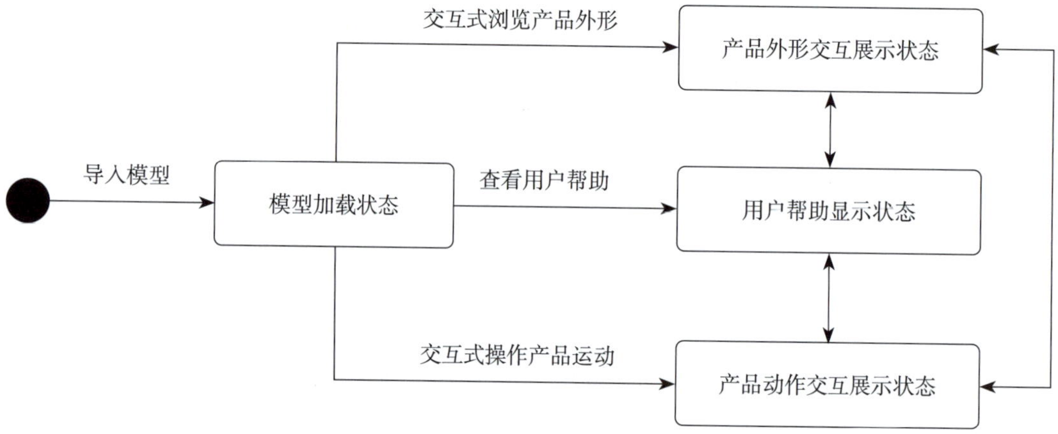

图3.8　产品虚拟展示平台状态转换图

础。通过平台功能的设计，最终用户可以通过平台交互式地查看产品模型的外观、交互式地浏览产品模型的动作、首次使用该平台时查看用户帮助，平台的这些输出信息都是通过屏幕显示出来的。状态是指产品虚拟展示平台在任意时刻被观察到的行为模式，一个状态代表了一个行为模式。状态规定了系统对事件的相应处理方式，这既可以是一个动作，也可以是只改变系统的状态，当然也可以既是一个动作，也是改变系统的状态。在本研究的产品虚拟展示平台中，用户进入平台后，首先可以任意加载产品模型，系统弹出模型加载选择框，用户从本地导入模型；模型导入之后，用户可以选择交互式浏览产品外形，或者交互式操作产品运动，或者查看用户帮助。在用户这三个不同的指令下，平台进入不同的状态，分别进行相应的展示和操作，这三个状态相互之间还可以随时进行切换。

3.2.3 软件系统开发技术框架

整个系统逻辑架构包括服务端、互联网络（Internet）、评审端三个部分。图3.9所示为软件系统开发技术框架。

在应用层评审端，应用程序将通过用户界面（UI）向用户展示各种动画、

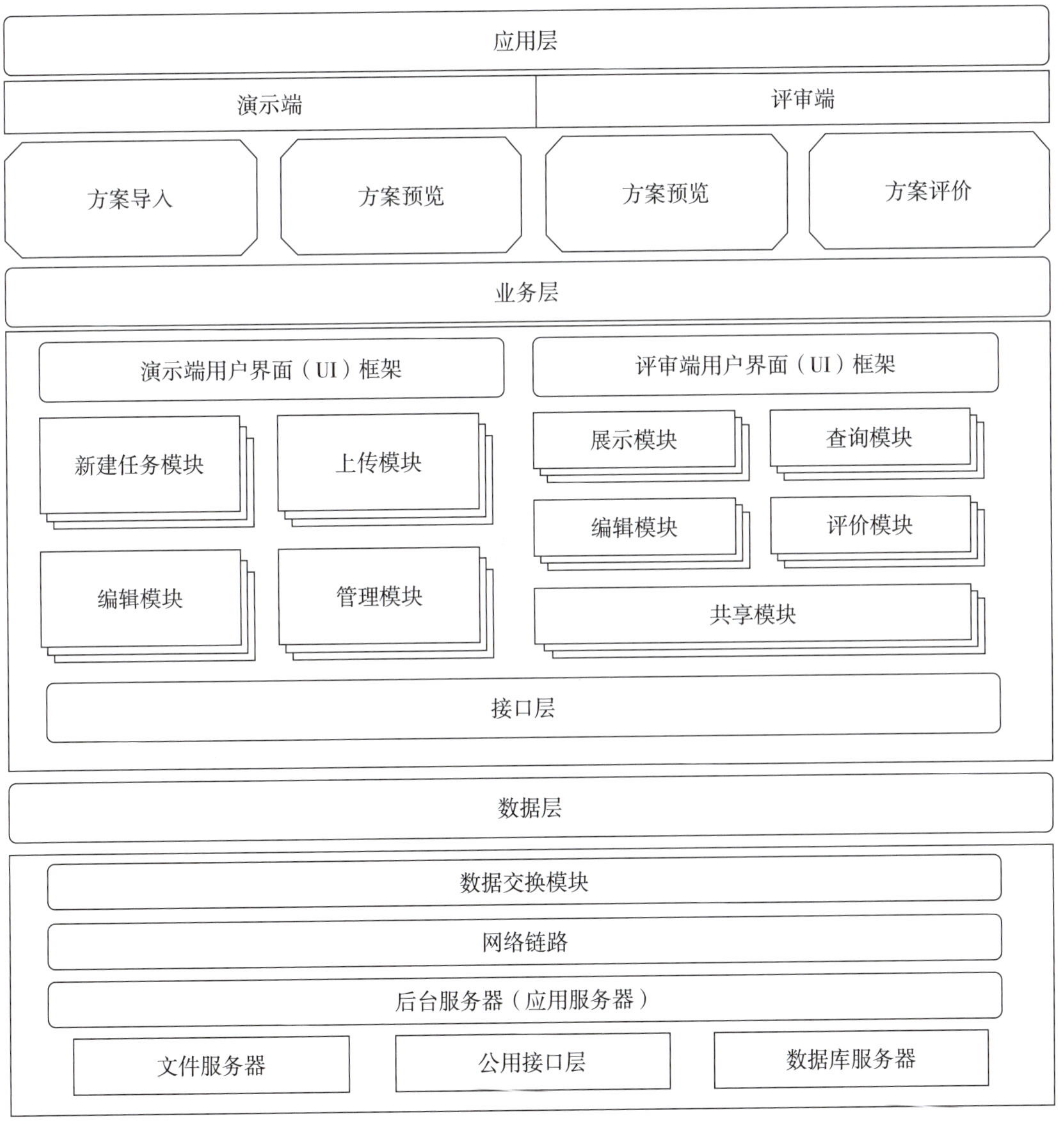

图3.9 软件系统开发技术框架

图形和数据，以达到信息高效传达的最终目的。

业务层是面向用户的操作界面，负责进行内容展示和操作监听。对于移动评审端应用程序应用及后台服务支撑，需要一个模块进行全面控制、协调和管理，比如对基础设施、接口的管理，对软件、应用程序的配置、对用户权限、版本下载、服务的管理，对产品设计资源展示和消息页的控制等。

在接口层，评审端通过HTTP请求从服务端获取数据并返回评审端的两种方式：XML格式返回或JSON格式返回。表述性状态传递（Representational state transfer，REST）就是服务端通过网络向评审端提高的资源，可以用一个统一资源标识符（URI）指向它，每种资源对应一个特定的URI，评审端要获取这个资源，访问它的URI就可以。应用程序编程接口（评审端应用程序Application programming interface，API）是用来调用评审端或服务端程序的接口。

服务端通过搭建包含一系列软/硬件的构成的基础设施平台，提高一个包含多种业务能力的服务层。基础设施平台的硬件包含服务器（应用和Web）、网络设备（含负载均衡）及存储等，软件包含操作系统、中间件（可在相连接但接口不同的系统之间交换信息）、数据库及评审端应用程序后台服务软件等。服务端可提高多种业务能力，如卷烟产品设计素材管理和推送、版本管理和推送、消息页管理和推送等。这些业务能力将通过互联网络的API接口和Http协议等，支撑起评审端的应用程序。

本系统将采用开源平台进行开发建设，开源平台质量稳定，有权威的维护机构；透明无后门，公开平台源码无安全和隐藏的风险；可自定义服务，无强依赖，降低扩展风险的优势。

3.2.4 系统整体网络架构

系统整体网络架构，如图3.10所示。整个系统运行需要服务端设备（软/硬件）、移动运营商网络、评审端设备（软/硬件）三个部分有机组成。其中运营商网络通过租用即可接入，其中，服务端环境部署将考虑10000并发连接数和

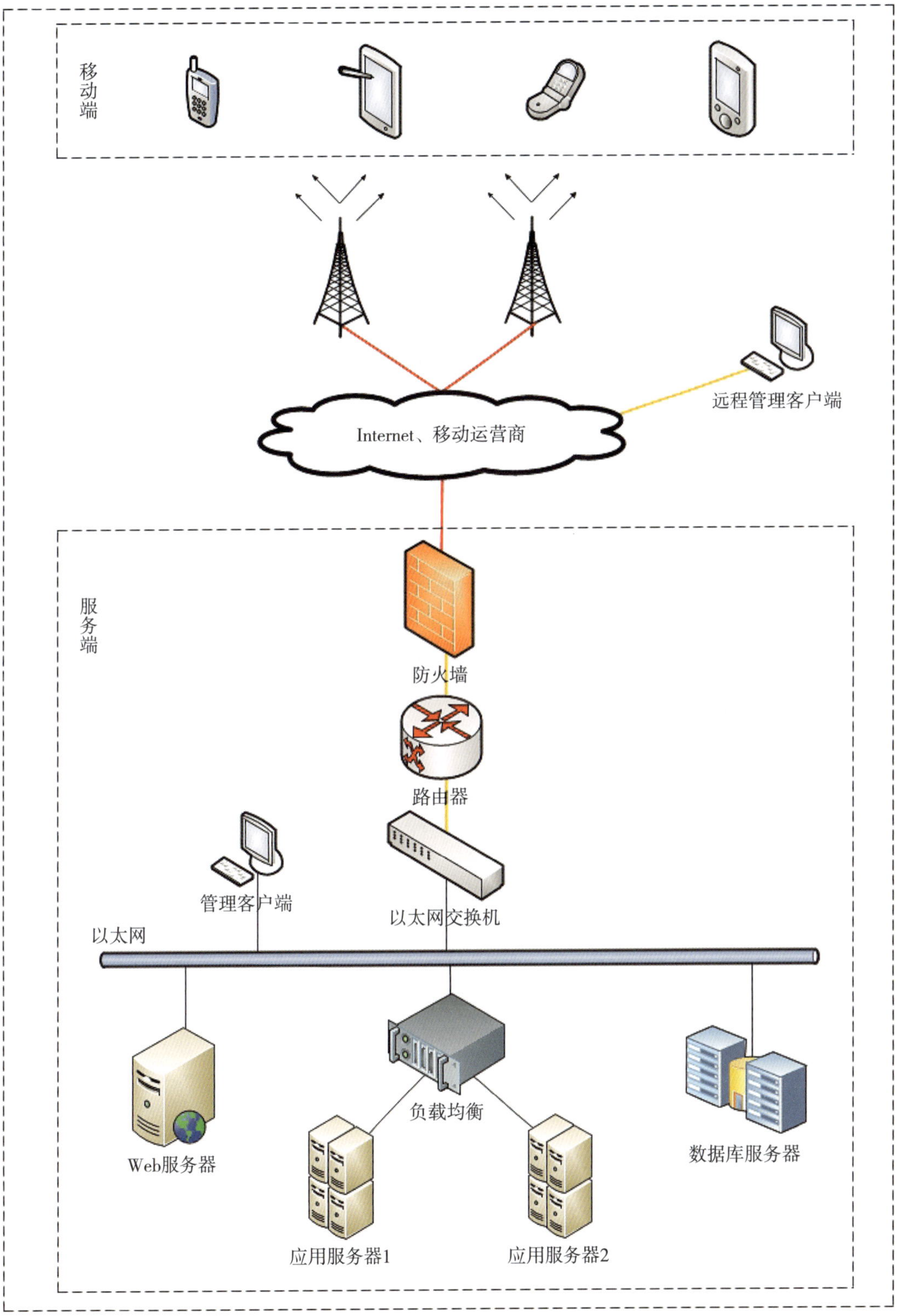

图3.10 系统整体网络架构

1000并发连接数两种情况，并分别给出两种配置解决方案。

3.3 VR幻真互动评审系统的PC端软件设计及功能

3.3.1 VR幻真互动评审系统的PC设计端框架

VR幻真互动评审系统的PC设计端框架，见图3.11。

（1）系统入口　图像配置、屏幕分辨率、图像质量、是否使用全屏模式、输入控制。

开始程序的时候，可以对程序进行配置，如屏幕的分辨率、图像质量、是否全屏等，图像质量关系到材质级别，反锯齿设置，渲染细节等方面。

（2）登录模块　软件限定有权限的用户才能使用。

（3）视窗编辑模块　此模块包括资源导入模块、模型选择模块、材质编辑模块、3D即时渲染交互区模块、保存模块、资源管理模块、全屏模块。

①资源导入模块：可以让设计者导入卷烟包装（烟包）贴图、背景图、声音文件。

②模型选择模块：选择和实体烟包对应预置在软件中的3D原模，用户可以自己定义模块，格式为FBX。

③材质编辑模块：为模型贴上导入的烟包贴图。

④3D即时渲染交互区模块：用户可以实时看到3D烟包的最终效果。

⑤保存模块：可以将合成好的样品3D烟包模型保存至服务器。

⑥资源管理模块：可以查看当前导入的资源文件。

⑦全屏模块：全屏查看3D效果。

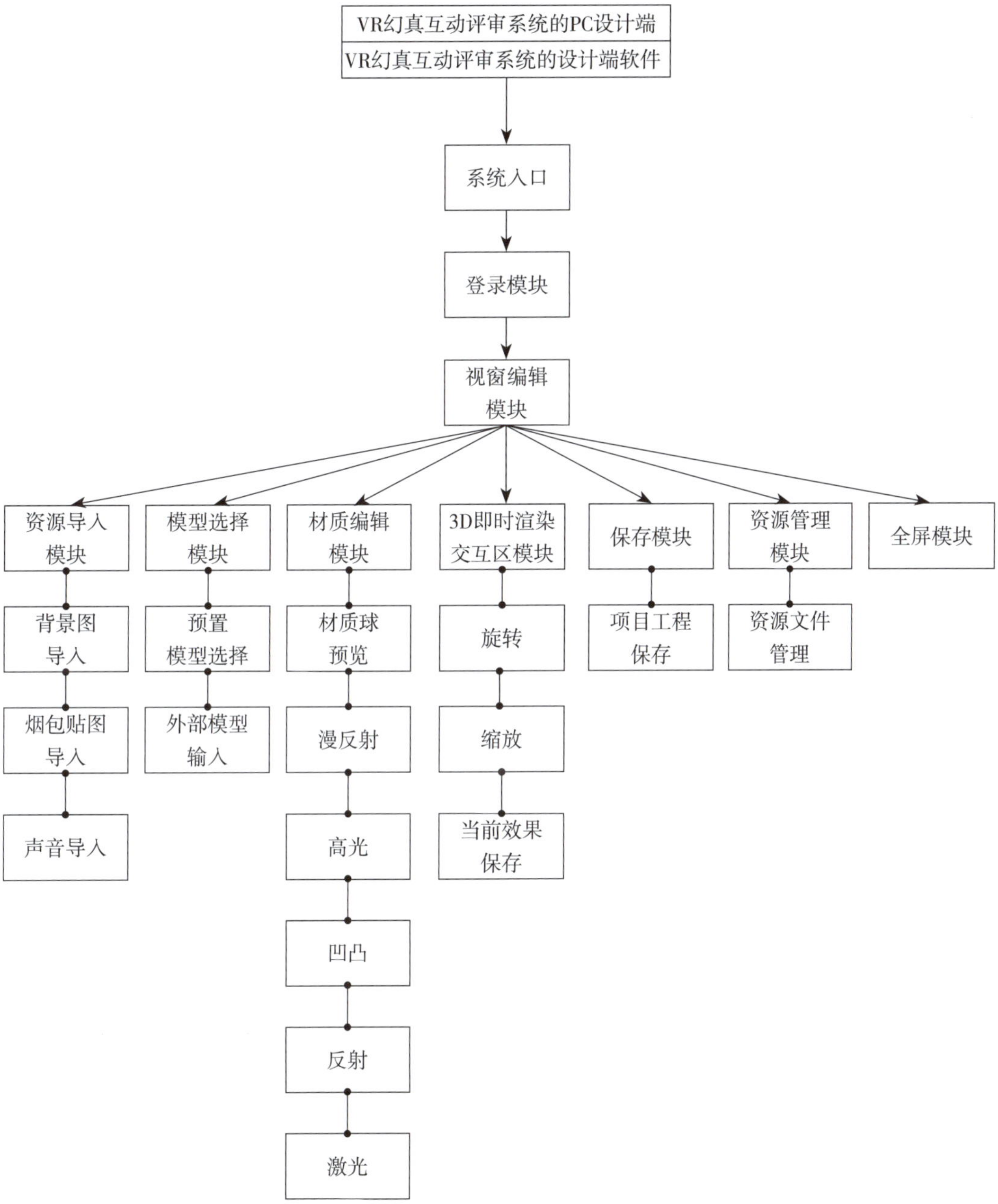

图3.11 VR幻真互动评审系统的PC设计端框架

3.3.2 VR幻真互动评审系统的PC展示端框架

VR幻真互动评审系统的PC展示端框架，见图3.12。PC展示端开发的“评审系统展示端软件”实现从服务器端上调用要展示的资源文件，全屏在大屏展示，其中功能模块有样品导入模块、样品展示区模块、资源管理模块和全屏模块。

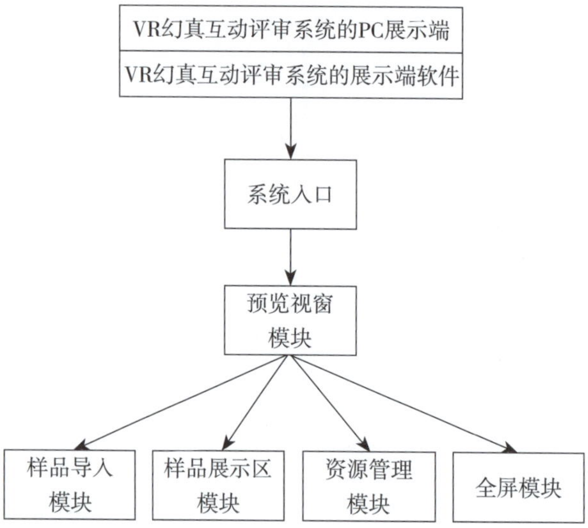

图3.12　VR幻真互动评审系统的PC展示端框架

样品导入模块：从服务器端导入编辑好的样品3D烟包资源。

样品展示区模块：360°查看导入的样品3D烟包资源。

资源管理模块：可以导入多少样品3D烟包资源。

全屏模块：全屏查看样品3D效果。

VR幻真互动评审系统软件的界面示意如下。

启动界面，见图3.13和图3.14。

图3.13　启动界面1

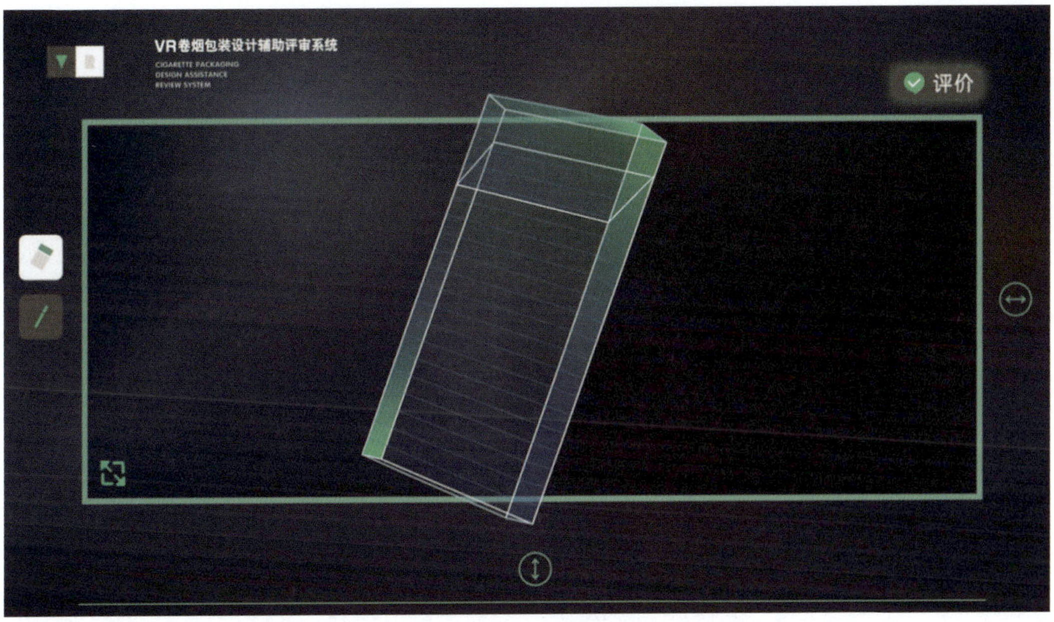

图3.14 启动界面2

选择方案界面，见图3.15。

图3.15 选择方案界面

预览界面，见图3.16。

图3.16　预览界面

3.4　VR幻真互动评审系统的服务端软件设计及功能

VR幻真互动评审系统的服务端主要为评审端应用程序提供设计资源更新、版本更新、消息页更新服务与通知提醒。

3.4.1　服务端功能框架

服务端功能框架如图3.17所示。

VR幻真互动评审系统的服务端功能框架中服务层系统管理包含：管理员管理模块、用户管理模块、设计管理模块、版本管理和推送模块、消息推送页管理和推送模块。服务端运行的基础设施层软件环境有中间件、数据库、App后台等；硬件环境有服务器资源、储存资源、负载均衡服务器、网络设备等。

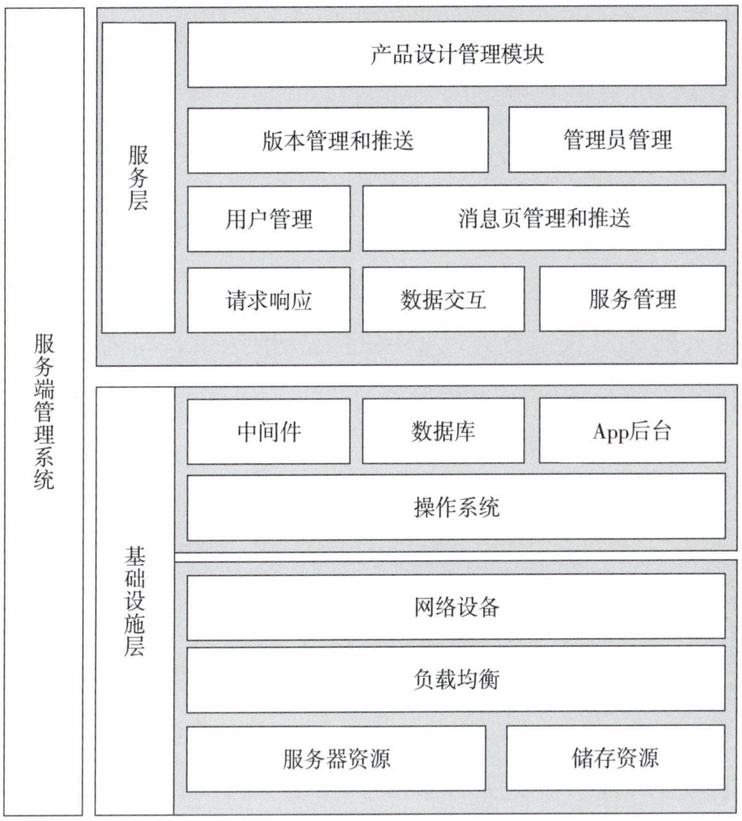

图3.17 VR幻真互动评审系统的服务端功能框架图

以下是功能模块详细介绍。

（1）管理员管理模块 通过预分配方式进行管理员账号分配，分配完以后进行后台登录、权限控制，有权限管理控制机制，防止非法使用者登录。登录成功以后管理员可以修改自己的密码以及相关的信息。

（2）用户管理模块 要求可以对管理员信息和口令进行维护和管理，并记录操作日志。

（3）产品设计管理模块 完成产品设计素材包的编辑和生成，对产品设计的资源文件进行打包压缩处理成为单个设计素材资源，支持设计素材资源的存储、查看、修改、下载、删除等操作。

（4）版本管理模块 版本管理包括版本上传、版本修改、版本删除、版本状态设置、版本号设置和版本特点说明等管理。

（5）版本推送模块 查看已添加的评审端应用程序版本，将需要推送的版本状态标记为推送状态，然后将处理结果反馈给用户，提示用户版本推送设置成功。

（6）消息页管理模块　消息推送页管理主要包括消息推送页的添加，在线编辑和在线预览功能；管理员通过在线预览功能，在浏览器上预览推送页在评审端的显示效果。

（7）消息页推送模块　查看已添加的消息推送页，将需要推送的消息推送页改为推送状态，并将修改结果反馈给用户，通知用户设置成功。

3.4.2　VR幻真互动评审系统的服务端系统框架技术实现

VR幻真互动评审系统的技术架构采用B/S结构，前台使用响应式JS框架方便灵活设计界面，使界面交互更友好更容易实现，后台使用JAVA开发服务。Java（计算机编程语言）作为一种重要的开发工具，具有七个主要特性：安全性、核心API、开放式标准、分布式和动态结构、面向对象、多线程、内存管理。JAVA服务的优点是开发快速，实现架设方便，容易维护，缺点是占用资源较高。JAVA服务使代码更容易调试维护，服务端通过HTTP协议与评审端进行数据交互，并且采用MAVEN进行组件管理，方便组件的添加与移除。

（1）Web服务器　配置：采用X86服务器+Linux操作系统+评审端应用程序服务管理系统。

用途：是系统服务端的用户操作管理页面，承载管理系统运行，通过响应式JS框架实现用户的UI操作。当评审端请求服务或数据时，Web服务器向前端返回JSON数据或XML数据。系统中的Web管理页面主要提高远程系统登录、远程系统维护、评审端应用程序版本相关管理页面、管理员相关管理页面等。

（2）应用服务器　配置：采用X86服务器+Linux操作系统+评审端应用程序服务程序。

用途：承载评审端应用程序的后台服务支撑。提高评审端应用程序访问响应、评审端应用程序信息交互、卷烟产品设计素材管理及修改、卷烟产品设计

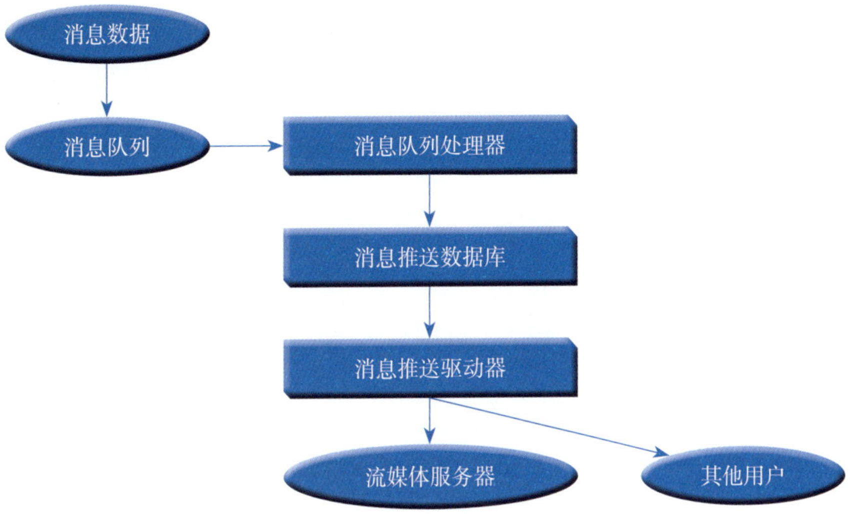

图3.18 推送逻辑架构

素材远程推送、版本管理和推送控制、消息页管理和推送等，推送逻辑架构见图3.18。

（3）数据库服务器 本系统数据库主要用来存储消息展示页相关信息，展示设计素材资源相关信息，评审端应用程序版本相关信息及管理员相关信息等。当系统并发连接数增大，超出当前数据库支持的并发量时，就需要进行数据库扩展，根据本系统数据库写入少、读取多的数据库业务操作进行分析，可采用主从复制的方式进行数据库扩展，而且主从复制也能实现自动备份，并将读写操作进行分离。

配置：采用X86服务器+Linux操作系统+Mysql数据库。

用途：存储评审端应用程序运行交互信息，例如用户信息、用户数据、账户密码、版本APK储存和下载等。

防火墙：在内网与Internet之间建立起一个安全网关隔离，以保护内部网免受非法用户的侵入。

路由器：外网IP配置，一个服务接口公网IP地址，一个远程管理接口公网IP地址。服务IP用于提高评审端版本管理、评审端版本推送、评审端消息页面管理、评审端消息页推送等。管理IP用于提高远程系统登录、远程系统维护、设计素材资源管理及修改、展示设计素材资源远程推送管理等。

负载均衡：负载均衡系统是高可用的根本，可以实现系统的运维高可用、站点高可用、性能高可用、服务高可用。本VR幻真互动评审系统在10000并发连接数的情况下采用负载均衡的解决方案；而1000并发连接数的情况下不需要负载均衡。

负载均衡器对外提高一个虚拟的应用服务器，接收所有的用户端请求，负载均衡器通过负载均衡算法处理，将用户端请求转发到后台的多个应用实例（多台应用服务器）。负载均衡器内置可编程控制接口，可以对流量进行编程控制处理，通过应用健康检查，准确判断应用程序的工作和服务状态，一旦发现应用不能提高服务，则将其从负载均衡组中摘除，见图3.19。

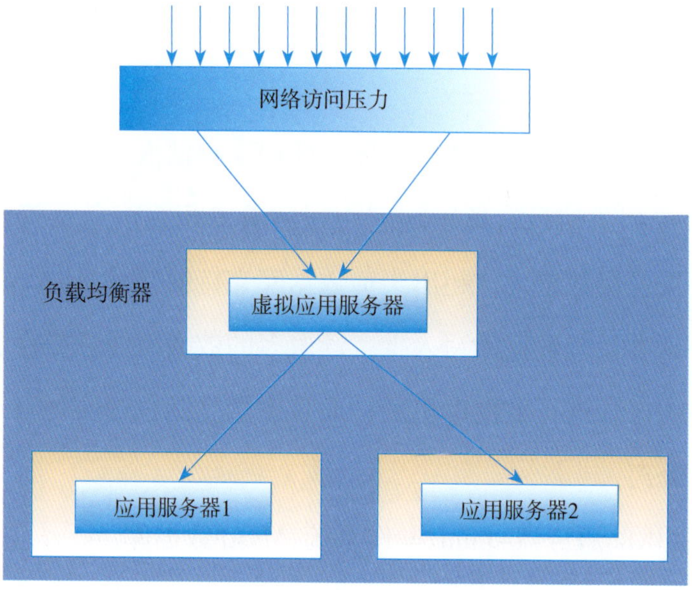

图3.19　负载均衡原理

3.4.3　VR幻真互动评审系统的服务端功能模块技术实现

管理员模块技术实现：通过预分配方式进行管理员账号分配，分配完以后进行后台登录，登录成功后，后台通过当前会话（Session）存储管理员信息，进行权限控制，会话过期或异常将提示管理员重新登录，登录成功以后管理员可以修改自己的密码以及相关的信息。

用户管理模块技术实现：用户认证、授权、加密和会话管理等功能——认证–用户身份识别，该系统中的用户“登录”；授权–访问控制，该系统中的展示设计素材资源访问控制；密码加密–保护或隐藏数据防止被偷窥；会话管理–用户相关的时间敏感的状态；操作日志–对用户所有操作进行记录。

产品设计素材管理模块技术实现：产品设计素材管理包括卷烟产品设计素材的添加、存储、查看、修改、下载、删除操作，其中Web端添加卷烟产品设计素材时通过表单进行数据的上传添加操作，服务器端收到上传数据，接收完成后进行重命名和输出流操作将卷烟产品设计素材存储至服务器物理存储介质（硬盘），并将卷烟产品设计素材的相关信息存储至数据库，如卷烟产品设计素材名称、类型、大小、路径等信息。

卷烟产品设计素材推送模块技术实现：通过信息获取（Http get）的方式从服务器获取已有的卷烟产品设计素材信息，通过轻量级的数据交换格式（Json）传递给响应式JS（直译式脚本语言）框架，将所有卷烟产品设计素材信息通过响应式布局显示出来，管理员通过设置完成要推送的卷烟产品设计素材的设置，并将结果通过信息投递（Http post）提交至服务器，服务器拦截到请求后对卷烟产品设计素材进行处理，将状态标记为推送状态，然后通过响应（Response）将处理结果通过轻量级的数据交换格式（Json）传递给响应式JS框架，提示用户设置成功。

版本管理模块技术实现：版本管理包括版本上传、版本修改、版本删除、版本状态设置、版本号设置和版本特点说明等管理，并对已有版本提高接口维护支持，保证已有版本的正常运行；其中版本上传时通过Multipart/Form–Data进行版本的上传添加操作，服务器端收到上传版本数据，接收完成后进行重命名和输出流操作，将版本数据存储至服务器物理存储介质（硬盘），并将版本的相关信息存储至数据库，如版本号，版本说明，版本大小，版本状态，路径等信息，存储完成后，通过Http response（响应）将Json（轻量级的数据交换格式）消息反馈给响应式JS（直译式脚本语言）框架端，提示添加成功，然后通过Web端就可以查看到用户端版本所有情况，并通过Web端进行修改，删除版本，当Web端进行删除操作的时候，通过计算机编程语言发起请求，服务器收到请求后，根据请求读取数据库存储的版本路径，先删除物理存储介质上的实际文件，删除成功后，继续清除数据记录，通过响应（Http response）将处理结果反馈给Web端，提示删除成功。

版本推送模块技术实现：通过Http get方式从服务器获取已有的用户端版本信息，通过Json传递给响应式JS框架，将所有卷烟产品设计素材信息通过响应式布局显示出来，管理员通过设置完成要推送版本的设置，并将结果通过Ajax（异步）提交至服务器，服务器拦截到请求后对对应用户端版本进行处理，将状态标记为推送状态，然后通过响应（Response）将处理结果通过Json（轻量级的数据交换格式）传递给响应式Js框架，提示用户版本推送设置成功。

消息推送页模块管理技术实现：消息推送页管理主要包括消息推送页的添加，在线编辑和在线预览功能；通过富文本编辑器（Umeditor）实现所见即所得的在线编辑，通过Http post方式将表单（Mulitpart/Form-Data类型的表单）提交至服务端，服务端通过拦截请求（Request），将对应表单数据存储至数据库，如推送页标题信息、文字信息等，将推送页附带的图片及视频等存储至服务端物理存储介质（硬盘），处理完成后，通过Response将处理结果通过Json（轻量级的数据交换格式）反馈给响应式Js（直译式脚本语言）框架，通过用户消息推送页添加成功，管理员通过在线预览功能，在浏览器上预览推送页在手机用户端的显示效果。

消息页的推送模块技术实现：消息页推送技术实现主要是通过Http get请求从服务器获取所有的消息推送页Json（轻量级的数据交换格式）信息，通过响应式Js（直译式脚本语言）框架展示出来，管理员通过设置推送设置完成消息页推送设置，通过异步Ajax请求将设置结果发送给服务器，服务器收到请求后，对相应的消息页推送状态进行修改，改为推送状态，并将修改结果通过Response返回给响应式Js（直译式脚本语言）框架，通知用户设置成功。

3.5 VR幻真互动评审系统的评审端软件设计及功能

3.5.1 VR幻真互动评审系统的评审端（iPad端）控制端框架

VR幻真互动评审系统的评审端（Pad端）控制端框架见图3.20。

iPad控制端开发的“移动端评审控制软件”实现远程控制PC展示端的展示内容。

服务器（Server）主要是调用API（应用程序编程接口）等待客户的连接来完成通信。

创建套接口（WSASocket）：创建套接口。

绑定（Bind）：绑定套接字到本地地址。

接受（Accept）：等待客户连接。

接收（Recv）：接受客户端的数据请求。

发送数据（WSASend）：发送数据到客户端。

客户同样是调用API来请求服务器的连接。

创建套接口（WSASocket）：在本机创建套接口进行通信。

链接（Connect）：与服务器端进行连接。

发送（Send）：向服务器端发送各种请求指令。

接收（Recv）：接受从服务器端发过来的数据。

3.5.2 VR幻真互动评审系统的评审端界面

VR幻真互动评审系统的评审端界面见图3.21～图3.23。

评价结果数据显示技术实现，通过插件，一个图表库，可以流畅地运行在PC和移动设备上，提供直观、生动、可交互、可高度个性化定制的数据可

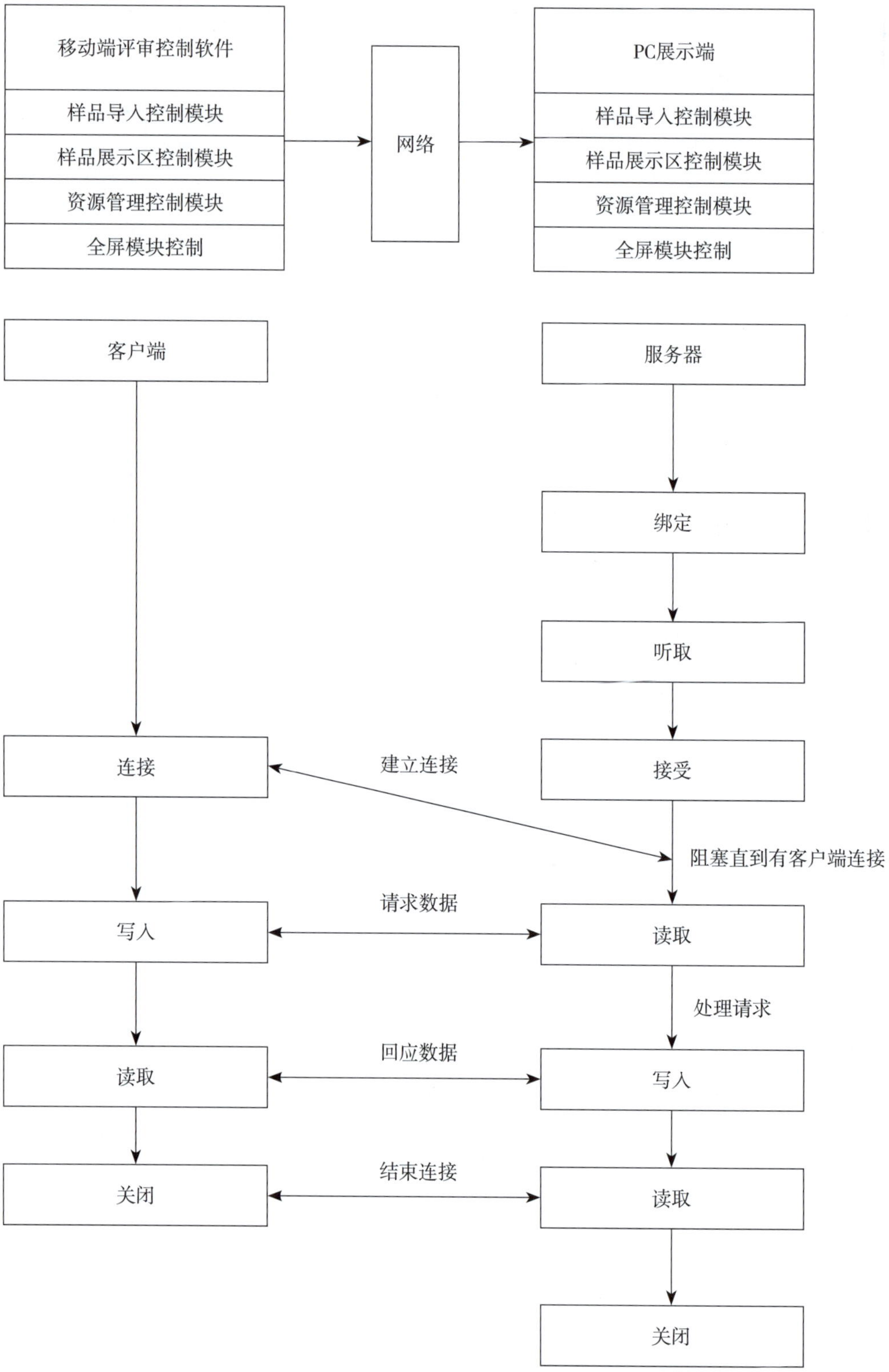

图3.20　VR幻真互动评审系统的评审端（iPad端）控制端框架

图3.21 VR幻真互动评审系统的评审端（iPad端）控制端框架方案预览

图3.22 VR幻真互动评审系统的评审端（iPad端）控制端框架方案评价

视化图表，如图3.24所示。创新的拖拽重计算、数据视图、值域漫游等特性大大增强了用户体验，赋予了用户对数据进行挖掘、整合的能力。支持折线图（区域图）、柱状图（条状图）、散点图（气泡图）、K线图、饼图（环形图）、雷达图（填充雷达图）、和弦图、力导布局图、地图、仪表盘、漏斗图、岛形图12类图表，同时提供标题、提示、图例、值域漫游 、数据区域缩放、时间轴、工具箱等可交互组件，支持多图表、多组件的联动和混搭展现，多方面满足用户数据展示需求。

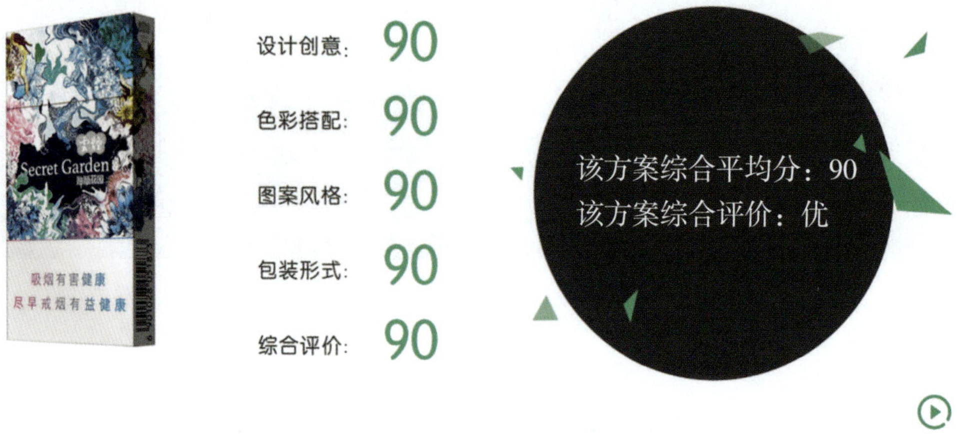

图3.23　VR幻真互动评审系统的评审端（iPad端）控制端框架方案示例

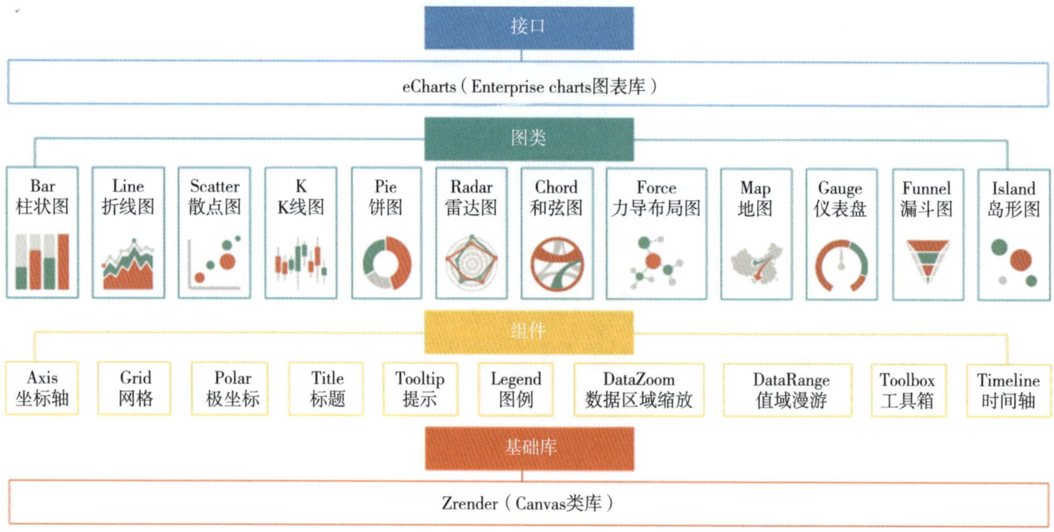

图3.24　VR幻真互动评审系统的评审端（iPad端）数据显示

3.6 VR幻真互动评审系统的系统安全设计

为了保证系统和数据的安全性，我们采用以下方式进行安全性设计。

3.6.1 服务端安全性

3.6.1.1 系统安全

系统长期运行后内存都能正确回收，不得产生内存泄漏，检查数据库连接是否正确释放，测试临时文件使用完毕后是否定时清除，检查数据库临时表是否正确清除临时记录。

数据库服务器存储主要设置：评审端应用程序后台响应时间要求很快、性能要求较高，因此，对磁盘阵列（4×300GB、15K、SAS硬盘）做RAID1+0，实际可利用空间为50%。

Web服务器和应用服务器：采用Raid 1磁盘镜像（2×300GB、15K、SAS硬盘），磁盘利用率为50%。

防火墙：通过防火墙安全策略对系统的网络进行安全防护，通过拦截异常请求，防止服务器被攻击。

可见，系统设计满足可靠性要求，即系统设计有效避免单点故障，在实现的技术手段上充分提高冗余备份。

3.6.1.2 信息安全

信息安全是指信息网络的硬件、软件及其系统中的数据受到保护，不受偶然的或者恶意的原因而遭到破坏、更改、泄露，系统连续可靠正常地运行，信息服务不中断；通过采用操作系统密码、各种安全协议、安全机制（数字签名、信息认证、数据加密等）进行防护；采用MD5数据加密方式密码保护；通过服务端进行自动添加水印加密设计，保证展示系统内容不被非授权截取后用于其他用途；通过MD5方式进行数据传输校验，保证数据在网络上传输时不被截取，不被窃听，确保发送到评审端和服务端资源文件的完整性，确保传输过程中不发生改变；每次记录登录者相关信息，详细记录用户登录信息、操作动作、访问路径，当出现异常时可以及时发现和处理。对用户密码的强度有要求（如密码长度和密码复杂度），并对其进行加密管理。

3.6.1.3 管理安全

提高企业运维管理能力，增强安全防范意识。防范商业/企业机密泄露，密码、账户信息的泄露等。严格遵守信息系统安全管理规定，小心操作，做好实施计划和备份，避免人为原因造成的信息安全事故。

3.6.2 评审端安全性

采用代码混淆，保证移动用户端代码的安全性；采用数据校验，保证评审端与服务端进行数据交互时的安全性；采用数据私有化，保证评审端缓存数据的安全性，保证数据不外泄；通过全局异常处理机制，进行异常控制，当应用发生不可预知错误时可保证用户的信息安全；通过正则表达式对用户输入参数进行验证，从入口处就进行安全控制。

软件开发部分是VR幻真互动系统的重要支撑和应用基础，结合项目整体需求，通过对应用端、服务器端及管理端的软件开发，以PC端应用软件和移动智能终端应用程序为最终载体，结合显示端及服务器，可上传卷烟包装评审方案，并实现对方案的实时调整，开发一套应用于卷烟包装设计评审的方法，基于移动智能终端，可协同服务器端及管理端，实现多包装方案预览、交互、对比及评价，提高评审效率，同时也是行业内首次开发的一套卷烟包装设计评审结果分析方法，与管理端结合，实现评审人员在线的评分及模块化点评，实时输出评审数据及结论，提高评审结果的分析准确度和效率。

4

VR幻真互动评审系统的硬件与软件的集成与应用

4.1 VR幻真互动评审系统的软硬件集成技术实现

4.1.1 硬件与软件的兼容

（1）软件系统环境　操作系统Android系统4.4版本以上。

Android系统智能终端。

处理器核心：双核。

系统内存：1GB以上。

存储容量：200MB以上。

分辨率：通用。

网络：需有WiFi或3G、4G。

（2）硬件系统环境　处理器为Intel Core i5版本以上。

内存：2GB以上。

显卡：GeForce 4以上。

运行环境：Windows2000/XP、Windows 7。

软件语言：简体中文。

4.1.2 集成控制系统开发

随着新媒体展示技术和物联网的发展，对多个新媒体的软硬件集进行中央控制的需求日趋强烈。目前市面上的中控产品绝大部分仅能单独控制硬件或软件，无法整合控制。基于此，开发出软硬件能够统一控制的中控系统。本系统能够实现手持端设备对硬件设备和照明系统的通断、软件控制，能够大量减少操作人员的工作量和误操作率，见图4.1。

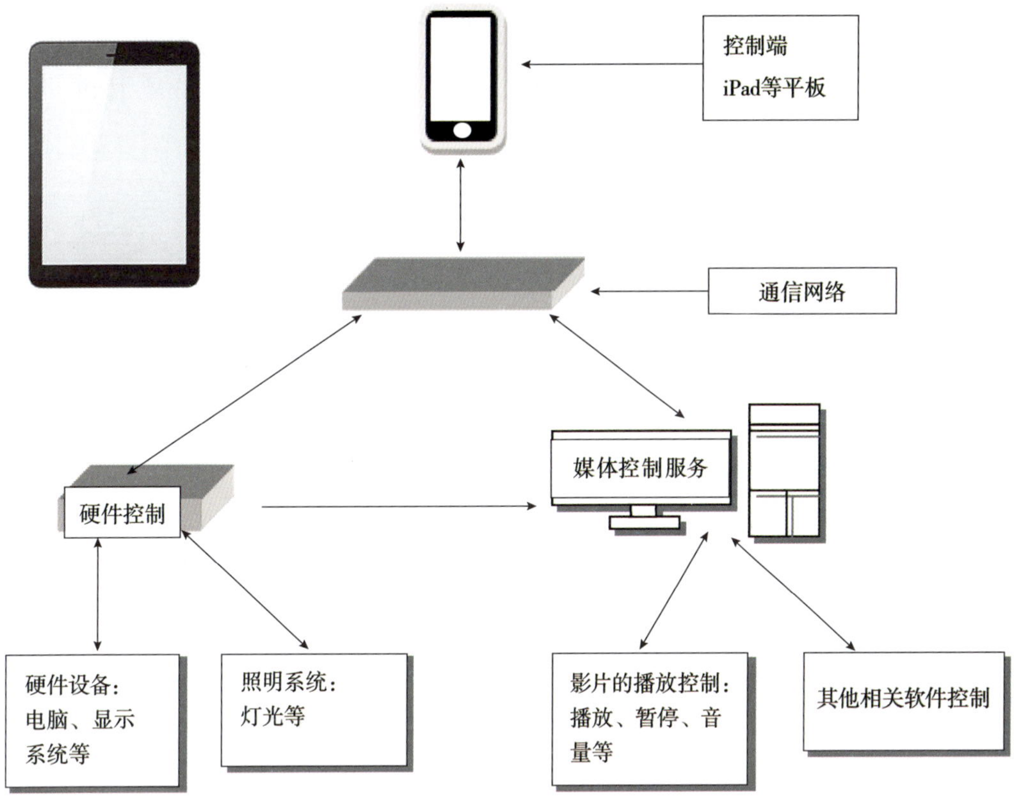

图4.1 VR幻真互动评审系统的中央控制系统技术架构

VR幻真互动评审系统的中央控制系统功能（表4.1）如下。

①控制端可以安装在iPad平板或市面的普通智能手机上，支持移动控制。

产品可以同时控制硬件设备、照明设备和影片的播放，相比同类型产品控制的内容更为宽广。

②产品的影片和画面控制功能容易操作，UI界面良好，便于普通操作人员进行要控制的内容的添加修改等，产品可快速地对要控制的影片进行缩略图截图，同步更新到控制端软件上。

③产品普通版硬件可控制12个电路通断和12个RS232（串口通信），媒体控制端的数量可达100以上，可以很容易地根据实际需求加装硬件控制的数量。

④产品基于网络通信，控制范围仅受网络信号限制，目前局域网组网的难度和成本都相对较低，稳定性较高。

表4.1　VR幻真互动评审系统的中央控制系统功能

服务端软件功能	视频影片的播放控制（播放、暂停、切换、音量大小等）
	播放器播放菜单的操作（添加、删除、排序等）
	播放器对影片进行缩略图截图，把截图传送给控制端
	接受控制端连接请求，与控制端信息进行交互
控制端软件功能	控制影片播放：播放、暂停、停止、上一个、下一个、静音、音量增、音量减、点选缩略图播放指定影片等功能
	控制电脑主机、投影机等显示设备的开关
	控制照明系统，如硬件系统内灯光的开关
	向服务端发送连接请求，与服务端信息进行交互
	向硬件控制器发送连接请求，与其进行信息交互
硬件控制器功能	控制多媒体系统主机开关
	控制显示设备如硬件显示系统的开关
	控制照明系统如日光灯的开关
	反馈以上控制结果

4.1.3　基础设计库的构建

Web3D三维素材库系统的功能主要是为数字媒体的个人制作者以及中小型数字多媒体企业提供素材展示、素材共享、素材调用的平台。系统用户可以通过服务器向三维素材库上传相应的素材，编辑素材信息，经后台管理员审批通过后，素材将被编目至指定目录，同时完成素材的入库。

（1）角色、用户及权限管理　管理员具有添加、修改和删除角色的权限。同时，管理员也具有管理用户的权限，可以根据具体需求来修改用户目前所属的角色或删除会员等。管理员同时有分配角色权限的功能。权限管理为系统的基础管理手段，在确保系统数据的安全方面发挥着极其重要的作用。权限管理，一般指根据系统设置的安全规则或安全策略，用户可以访问而且只能访问自己被授权的资源，不多不少。本系统使用了通用角色访问控制（Role based access control，RBAC）模型，即赋予用户角色、给角色赋予权限，很大程度满足了系统上的功能级权限管理需求。此外增加数据级的权限管理功能，例如限制会员单笔虚拟系统货币的兑换额度、限制会员对某个模块的记录查询等权限。

（2）素材信息编辑功能　为了使素材信息更完整，三维素材库系统为会员提高了相关的接口。当会员上传素材后，会员需要自行对素材信息进行编辑，以方便其他会员进行参数的查看。素材信息的编辑功能包括素材的基本信息的填写、描述信息以及技术参数。基本信息主要为素材的作者、素材的版权说明等；描述信息则包括素材的简单描述、关键字、存储目录等。为了提高素材的被搜索概率，会员可以在信息中增加关键字的填写，因为系统的索引是根据关键字形成的，系统搜索时是以匹配关键字为基础的。

（3）素材上传功能　为了使三维素材在创作者和需求者之间互动，方便会员分享自己的作品，本系统提高了素材的上传功能，会员可以上传拥有版权的三维素材，并经过系统管理员审核发布后，即可在素材浏览区内展示自己上传的作品，其他会员则可以通过在线浏览购买作品。本系统考虑到三维素材文件并非大数据量文件，因此使用传统的HTTP协议来上传文件。系统针对不同类型的素材有多种上传模式。

①格式化素材上传：登录素材库系统，进入上传页面，若用户上传的三维素材文件格式为标准格式化，则同时需要上传一个Jpg格式的图片素材，作为三维素材在前台展示的代理。素材上传到服务器后，服务器端模块将在内容管理系统中建立素材与文件、图片的关联关系，其余素材技术参数信息的编辑和下面介绍的“非格式化素材的上传”中的模型信息编辑相同。

②非格式化素材文件的上传：系统针对特别的模型素材也开放了上传接口，若会员需要上传非格式文件的素材，则同时也需要上传在模型浏览区中所需的格式文件。

③其他图片、视频等格式文件的上传：系统针对其他如图片、视频等格式的文件也实现了上传接口，会员可进入上传页面对这一系列格式的文件按系统页面提示进行上传。

（4）系统搜索功能的实现　素材的检索功能是三维素材库系统最为核心的

功能之一，该功能可以让会员在海量的数据中迅速找到自己所需要的素材。在素材数量不断增加的情况下，搜索方式的高效率就显得尤为的重要。三维素材库系统设计并实现了四种不同的检索方式，其中有基于关键字的检索以及基于语义网络的搜索，这两种检索方式都是全局性的检索；而按照价格的搜索和局部关键字的搜索则属于局部检索。全局检索在系统中是根据会员键入的关键字信息在整个素材库系统中进行完全匹配，提高搜索引擎以及分词系统实现全局关键字的检索及语义扩展的检索；局部检索在系统中是指当会员点击某一目录，素材展现区域则出现该类的具体素材，此时会员可以通过价格筛选器或者关键字检索筛选素材，这种检索模式只是简单地在页面所属区域进行操作，不涉及任何与后台数据的交互体验。

（5）基于关键字的搜索　用户可以在本系统中通过键入关键字，在整个三维素材库中搜索所需素材，系统的关键字搜索功能利用的是IBM FileNet所提供的搜索引擎，同时这一搜索方式是针对素材关键字的搜索，如会员在检索框中键入词语“天空”，这时搜索引擎则会从已保存的元数据中去搜索出包含“天空”一词的素材ID，当搜索成功后，搜索引擎将会把搜索到的素材信息返回至用户界面。会员则可以在这些检索到的素材中挑选自己所需要的素材。

（6）语义网络扩展的搜索功能　语义网络是意思不同的词之间的复杂关系网，包括所有词的定义以及它们之间的联系。本系统使用语义网络扩展的搜索功能可实现针对单一或多个词组的语意扩展，例如会员若在搜索框中填入“天空”，并在选项“语意扩展”一栏中勾选并点击搜索后，素材库后台模块将会把会员键入的关键词作为基本词来进行语意扩展，通过扩展解析后的词组最多将在页面上呈现10个，这10个就是通过这一关键词所扩展出来的结果。会员可以在扩展出的10个词组中选择自己需要的词组，之后再点击搜索按钮，这时系统将会根据会员重新选定的词组进行新的搜索。

（7）局部关键字的搜索　局部关键字的搜索功能是体现三维素材库系统贴近用户、更为人性化的一个方面。该搜索功能主要为用户在全局搜索的基础上，提供方便的二级搜索，更精确地搜索到当前页面中的素材。其优于二级搜索的是，它会以动画形式显示符合搜索条件的素材，隐藏不符合条件的素材。这一功能具体表现为，用户可以在已搜索出的结果中进行再搜索，例如用户可以在搜索出“系列化”关键字的结果后，在该结果内再键入“民族风”，这时候系统就会在“系列化”的搜索结果内再搜索“民族风”这一关键词，给了用户更好的使用体验。

4.1.4 特殊印刷效果工艺库的构建

在VR幻真互动评审系统中卷烟包装特殊印刷效果通过以下逻辑关系实现：卷烟包装设计的平面设计文件提取、特殊印刷模块分层、卷烟包装三维建模、印刷效果调试，见图4.2。

其中卷烟产品包装仿真系统的特殊印刷效果调试模块主要由以下方法实

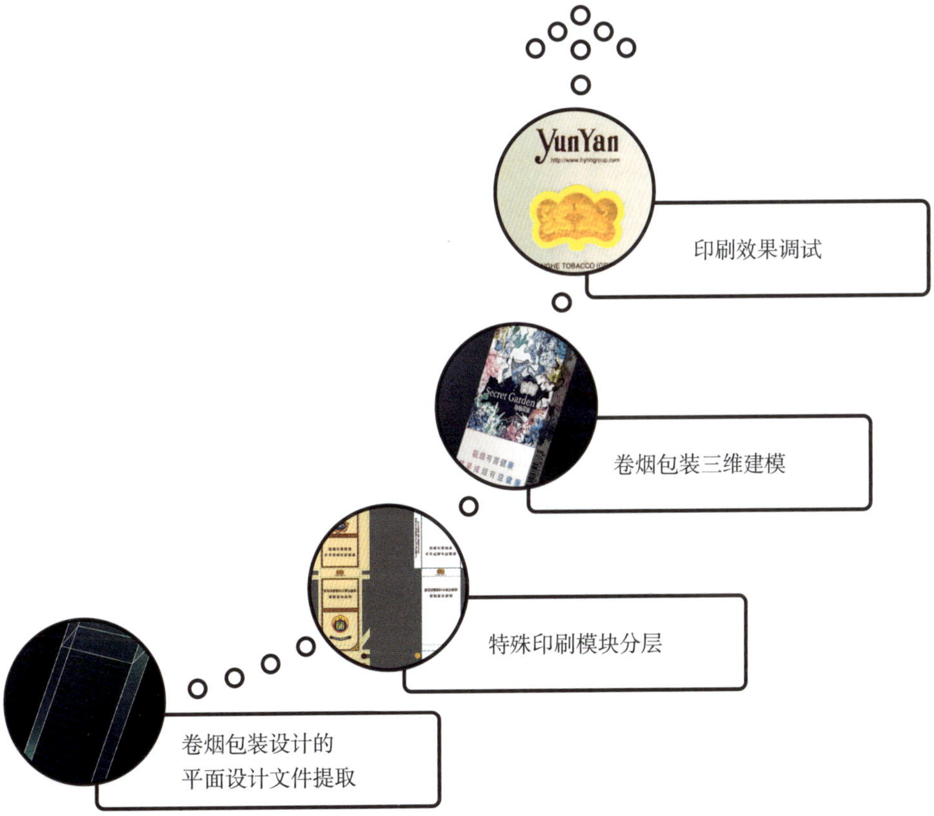

图4.2 VR幻真互动评审系统中卷烟包装特殊印刷效果的实现

现：如果要构建卷烟产品包装仿真系统，那么通过分析卷烟包装设计图、印刷材质等资料完成基本的建模任务就是一种夯实基础的工作。视觉部分的任务涉及物理建模、运动、几何等几个方面。一方面，卷烟产品包装仿真建模中所包含的模型内容除了展示几何外形之外，还需要说明多个特殊效果印刷层级实体之间的连接关系；另一方面，在卷烟产品包装仿真中，所有显示出来的画面都是实时计算出来的，因此对卷烟产品包装仿真建模的优化，大部分需要依靠其他相关图形学技术，具体介绍如下。

（1）几何模型　卷烟产品包装仿真环境中的实体模型的建立主要从实体外表和实体形状两个方面实现。

第一种方式是采用OpenGL等基础图形建模语言创建，如果采用这种方法就需要编写大量的代码，而且无法实时看到建模的效果。只有图形学编程能力和数学能力非常出色的开发人员才能掌握这种建模方式。

第二种方式是在商业三维建模软件工具环境下进行建模，这是当前三维外形建模中非常流行和简便的方法。可以使用目前流行且界面友好的CAD软件，以及Maya或3DS MAX进行交互式对象建模。

第三种是卷烟包装实体外表，在实际开发过程中，一般通过设置模型的表面反射材质和纹理贴图调节实体的外表。通过使用纹理贴图技术可以做到实时性和真实性上的平衡。第一，从显示效果上看，毫无疑问它可以满足提高真实感的要求。第二，纹理贴图可以减少场景中多边形的数目，因此提高了画面刷新速度，保证了画面的帧数。

（2）运动模型　虚拟现实的本质研究目标是反映或仿真客观世界，虚拟场景的模型映射真实场景的对象或物体。但是，对完成卷烟产品包装仿真任务而言，场景中静态的三维几何模型实体仅仅是基础，还需要关注实体间相互关系、实体模型位置的改变、实体模型的缩放、多边形网格的变形等。所以一般还需要从实体位置和碰撞检测两个方面对卷烟产品包装仿真场景进行运动建模。实体位置一般涉及对实体进行移动、旋转和缩放等操作；碰撞检测则需要基于实体的物理特性结合相关算法来确保一些反常现象的发生。

（3）物理模型　实体对象模型的物理建模包含待定义对象的重力加速度、质量、表面材质（特殊印刷效果）、硬度、韧性、形状改变模式等属性，将这些物理属性和几何建模、运动建模相结合，就能够构建出更加符合现实的虚拟物理模型。运用计算机在物理学上的仿真，在传统上是作为数量分析和物理学预测的工具，并且已经取得了较大的研究进展。实时3D图形处理功能的计算机系统具备高性能的硬件基础，可实现重要的物理卷烟产品包装仿真并且可以做到在实时交互过程中获得仿真结果。

（4）VR实时卷烟产品包装显示和生成技术　要让用户对虚拟环境感受到真实感，图形输出设备中的图形质量与实时性是决定性的一环，但是计算逼真的3D虚拟场景需要很长时间，对图形学技术的要求非常高。从以往的项目经验中可以看出，实时卷烟产品包装仿真的主要技术瓶颈是满足图形的生成速度。生成卷烟产品包装仿真图形的速度主要受图形处理的软件和硬件体系结构的影响，除此之外，它还要由程序应用的场景复杂度、组成因素和图形最终逼真度来决定。现在中央处理器（CPU）和图形处理器（GPU）等与图形显示领域相关的硬件技术已经取得了较快的进步，它们让现有的图形处理工作站的计算性能有了很大程度的提高，但是仍然存在不小的差距。如果项目的需求只是构建一个非常简单的仿真场景，以计算机来实现实时显示并不算一件困难的工作。所以，研究基于软件改进的方式来降低卷烟产品包装仿真的复杂程度，已成为仿真可视化领域中的热门研究方向。

（5）Unity3D技术　Unity3D是一款开发人员可创建实时三维卷烟产品包装、支持多平台发布运行的综合型卷烟产品包装开发工具，也是一个具有成熟开发者社区的专业实时三维制作引擎。Unity3D向用户提供多窗口的综合一体化的开发环境，例如可视化场景编辑、详细的对象属性编辑器、卷烟产品包装动态预览和性能后台监视等功能。由于它简单易用、性能良好，Unity3D现在被越来越多的开发者用来快速制作数字游戏或者仿真原型。

4.1.5 VR幻真互动评审系统的交互式设计评价

4.1.5.1 设计评价的基本理论

产品设计所要解决的是复杂、多维度的问题，卷烟产品设计同样具有产品设计的这种特点，即对于每一个设计问题，一般都会有许多不同的解决方案。解决这种多解的问题，通常的逻辑步骤是：分析—综合—评价—决策，即在分析设计对象的特点、要求及各种制约条件的前提下，综合搜索多种设计方案，然后从中筛选出符合设计目标要求的最佳方案。

从系统科学的角度来看，设计评价是一项系统工程。设计评价作为一个完整的系统包括评价指标、评价方法、评价者及评价标准等元素。各元素之间的关系为：评价者按照评价指标对产品或设计方案进行分析和认识，再将认识结果与评价标准相比较并通过相应的评价方法将其变成评价结果。设计评价须围绕设计的目的，即怎样达到使用者心中理想的要求，建立设计的预期目标和评估方向，找出与设计目标实现相关的影响因素，并区分各因素的重要性与层次关系，从不同角度综合评价设计的好坏，建立产品的评价体系。设计评价的内容和过程如图4.3所示。

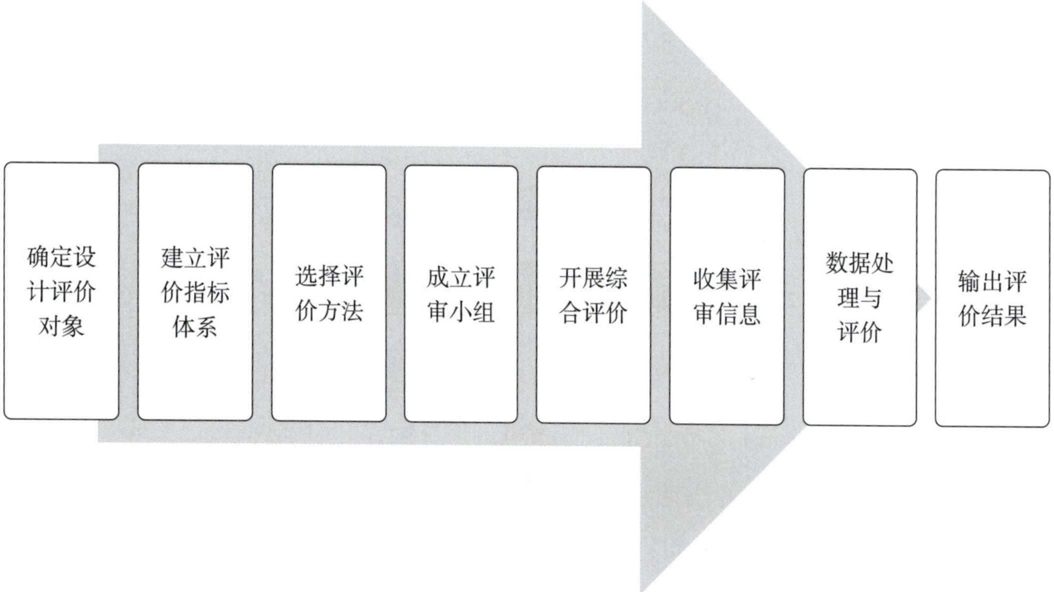

图4.3 设计评价的内容和过程

（1）确定设计评价对象　被评对象所属类别不同，评价目标因素的确定也有相应的差别，而且其侧重点也不尽相同，也就是说其目标评价因素的权重值有一定的差别，因此确定评价对象，充分了解评价对象的特性对于评价步骤的展开有着重要的影响。

（2）建立评价指标体系　评价指标体系是评价的基础，科学合理的指标体系是评价有效、合理的关键问题之一。针对不同的被评对象设立相应的指标体系。复杂的被评对象常采用多目标、多层次的指标体系，由粗到细、由概括到具体，形成层次结构。

（3）选择评价方法　评价方法是决定评价结果是否有效合理的关键因素。评价方法的选择可根据被评对象的特点、评价的目标和评价指标体系的设置以及现实人员、工具的水平而定。

（4）成立评审小组　评审小组即评价主体，评价主体是对评审结果影响较大的因素之一，评价主体的确定应根据不同设计阶段评价的不同特点进行合理安排，如概念设计阶段主要参评人员应包括设计师、市场营销人员和企业经营者等，详细设计阶段主要包括技术设计人员等。评价主体从自身的评价角度针对不同的评价因素进行评价得出不同的评价意见，综合在产品上就会有不同的评价结果。因此各评价阶段评价应合理选择评价主体。

（5）开展综合评价　考虑到评价对象涉及很多不定量的因素，而这些因素在很大程度上又存在一定的模糊性，因此我们运用模糊数学理论对其进行模糊评价，以满足评价的需求。

（6）收集评审信息　各阶段评审进行后，就要收集相关数据与信息。客观定量化的数据可通过直接采集和计算处理得到。主观定性化的信息则需要采用一定的方法进行测度，以更好地表现属性的真实水平或者决策人员的偏好。

（7）数据处理与最终评价　根据评价方法的不同，首先将收集到的数据与信息进行处理以适应评价的要求，然后按照选定的方法对被评对象进行评价。这是评价工作的重要过程，常常是需要经过反复检验与反馈的过程。

（8）输出评价结果　评价过程结束后，输出结果。写出评价结果报告作为整个评价过程的结束。

4.1.5.2 设计评价的方法

评价方法的选择是影响评价决策的重要因素，也是决定评审结果是否合理有效的关键因素。因此，选择合适的评价方法也就成为整个评价过程的重中之重。要选择合适有效的方法，首先应熟悉各种评价方法的特点并了解其适用的范围。目前，国内外已提出近30种设计评价方法，根据设计评价方法的一般性特点，设计评价方法可分为定性评价、定量评价和综合评价，见表4.2。

各种评价方法都有其自身的优点与缺点，其适用条件与效果显然也各异。在实际选用过程中须根据评价对象的特点加以有效利用。为帮助设计评价实践中对评价方法的合理选择，在表4.2中对各种评价方法进行了比较，并总结出各种评价方法的适用范围。

表4.2 设计评价方法

评价方法		优点	缺点
定性评价		不受统计数据的限制，可以发挥人的智慧和经验的作用，避免和减少因统计数据不足或不精确而产生的片面性和局限性	评价中的随机因素影响较多，评价结果易受评价人员主观意识和经验、知识的局限的影响，易带有个人偏见和片面性
定量评价		完全以客观定量数据为依据，并以科学的计算方法来评价，消除了许多不确定因素、个人主观意识和经验的片面性影响，有较高的科学性和可靠性	在评价内容和表现情况比较复杂的情况下，有些评价内容很难用确切的数量来表示，同时也不能解决评价人员可能背离标准打分的问题
综合评价	层次分析	因其思路清晰、方法简单、使用面广、系统性强等，便于普及和推广	准则层的因素设置过于宽泛，难以综合各位评价人员的意见
	模糊综合评价	数学模型简单、容易掌握，对多因素、多层次的复杂问题评判效果较好	需要建立隶属度函数，需要的数据样本较多

设计评价的基本理论是开展卷烟产品企业内部产品设计评价实践活动的理论支撑。设计评价须围绕设计的目的科学合理地建立一套切实可行的评价程序，并结合设计评价的过程特点构建相应的评价程序流程图；设计评价方法的选取直接影响到评价的质量和评价结果，在具体开展设计评价活动时应根据各类评价方法的优缺点及其适用范围等方面科学合理地选择适合评价对象的评价

方法。评价标准的确定是设计评价结果的重要影响因素，选取评价标准时应根据评价对象的特点选择与当前实际相符合的、科学的、全面的评判尺度，根据卷烟企业内部产品设计评价的特点，我们认为应把消费者的满意度、设计的科学性、环境的友好性和企业的发展利益作为其评价标准，以确保卷烟企业产品内部设计评价对设计价值的发现、提升和再创造的实现。

4.1.6 评价成果输出

VR幻真互动评审系统在辅助卷烟产品的设计评审的评价结果输出中涉及多个指标，这些指标大部分都是模糊变量，很难找到精确的数字关系来衡量它们对总质量的影响程度，由于对因素的评价具有模糊性，致使评价过程、评价结果也具有模糊性，因而采用模糊评价（模糊集）方法来处理这类评价问题是很适合的。

在此，我们结合层次分析法和模糊数学方法对卷烟企业产品设计做综合的评价，即利用层次分析法确定评价指标的权重，再用模糊评价方法对评价结果进行归类和综合评价，为卷烟企业内部的产品评价工作提供一种能将评价者的主观愿望和客观实际结合起来的评价模型的参考。

模糊评价法的一般过程是：将评价目标看成是由多种因素组成的模糊集合（称为因素集），再设定这些因素所能选取的评审等级，组成评语的模糊集合（称为评语集），分别求出各单一因素对各个评审等级的归属程度（称为模糊矩阵），然后根据各个因素在评价目标中的权重分配，通过计算（称为模糊矩阵合成），求出评价的定量解值。模糊综合评价模型的具体建立过程如下。

（1）因素集与评语集的建立　以模糊层次分析法为原型建立的卷烟企业内部产品设计评价的递阶层次结构图是将产品设计评价各评价要素决策过程定量化的基础，是决策者根据自己对问题的认识，分析整理出的影响决策结果的因素及因素之间的相互关系。在横向上，按照评价主体也就是评价者的评价标准层次的发展及其和卷烟产品设计层次结构的内在关联，建立评价体系准则层的内容。所谓准则是指那些影响决策结果的因素，且各因素之间存在一些关系，一个因素可能直接影响或决定另一个因素，称这种关系为支配关系。如果一个准则支配着另外一些准则，则被支配的准则称为支配准则的子准则。卷烟产品企业内部产品设计评价的递阶层次结构包括四层：总准则层（又称为目标层）、准则层、子准则层、方案层（又称为属性层）。

其中，A_i的子准则是B_y，A_i又是总准则G的子准则，最靠近方案层的那层准则的值直接反映了方案的优劣，也可以称之为属性层。

我们可以得出卷烟企业内部产品设计评价的评价要素：

$G=\{A_1, A_2, A_3, A_4, A_5, A_6, A_7, A_8\}$

每类要素又可以进行细一层次的划分：

$A_1=\{B_{11}\}$，$A_2=\{B_{21}\}$，$A_3=\{B_{31}\}$，$A_4=\{B_{41}\}$，$A_5=\{B_{51}, B_{52}, B_{53}, B_{54}\}$，$A_6=\{B_{61}, B_{62}, B_{63}\}$，$A_7=\{B_{71}, B_{72}, B_{73}\}$，$A_8=\{B_{81}, B_{82}, B_{83}\}$

卷烟产品设计的评语集为$V=\{a、b、c、d\}$={很好、较好、一般、不好}。

（2）评价模型　由于卷烟企业产品的设计评价的因素错综复杂，所以应对影响其总质量的各方面做综合考量。这里应用模糊数学方法中的模糊变换原理和最大隶属变换原则，考虑与被评价事物相关的因素，建立模糊综合评价模型。

M（*，+）为模糊数学方法中的算子，以权重的大小兼顾所有因素，适用于要求整体指标的情况。采用M（*，+）时，权重分配Fuzzy集E为权向量，即若$E=(e_1, e_2, e_3, \cdots e_n,)$，则有$\sum_{i=1}^{n} e_1$，$e_1 \geqslant 0$时，并且若评价矩阵$R$对评语集$V$的隶属函数值为$r_v$，则$\sum e_i r_v \leqslant 1$，此时评价结果$E \cdot R$为矩阵乘法。

此模型用于卷烟企业内部产品设计的综合评价，能较全面反映各影响因素对总设计优选的综合影响。

（3）初级评价　综合评价由低层次向高层次逐步渐进的方式完成。初级评价是指对子准则进行的评价，即$A_i=\{B_{i1}, B_{i2}, \cdots, B_{im},\}$。首先利用层次分析法确定各影响因素的权重。指标权重确定后，就可根据权重合成初级综合评价结果。由评价人员对影响A_i的各因素B_{ij}作出评语，视R_i为评语集上的F子集，找出其隶属函数，得到评价矩阵R_i。

（4）二级评价　二级评价是对总因素集G的评价。首先确定准则层各要素的权重，计算方法如上阐述；其次确定总目标所对应的准则层的总评价矩阵R，计算出评价结果：

$D=(D_1, D_2, D_3, D_4)^r$。

最后，便可计算出总评价集H，得到设计方案综合评价结果：

$H=a\cdot R=(d_1, d_2, d_3, d_4)$，其中$0\leqslant d_i\leqslant 1, \sum_{i=1}^{4} d_i=1$。

（5）确定设计方案的等级　用等级参数评判法确定卷烟产品包装企业内部产品设计方案等级，相对各等级规定等级参数u，u的取值参照评语集$v=\{a, b, c, d\}$为：$u=\{3, 2, 1, 0\}$。判次变量P以等级模糊子集D为权向量，是关于等级参数u的加权平均值。$P=\sum \mu_i d_i \Big/ \sum d_i$，根据$P$值的大小，可对卷烟产品包装设计方案做综合性评价，见表4.3。

表4.3　卷烟产品包装设计方案的综合性评价

P值	等级	综合评价结果
$2.7\leqslant P<3$	a	很好
$2\leqslant P<2.7$	b	较好
$1\leqslant P<2$	c	一般
$0\leqslant P<1$	d	不好

输出结果如图4.4所示，同时也可输出相应表格和评审过程中的详细评价结论。

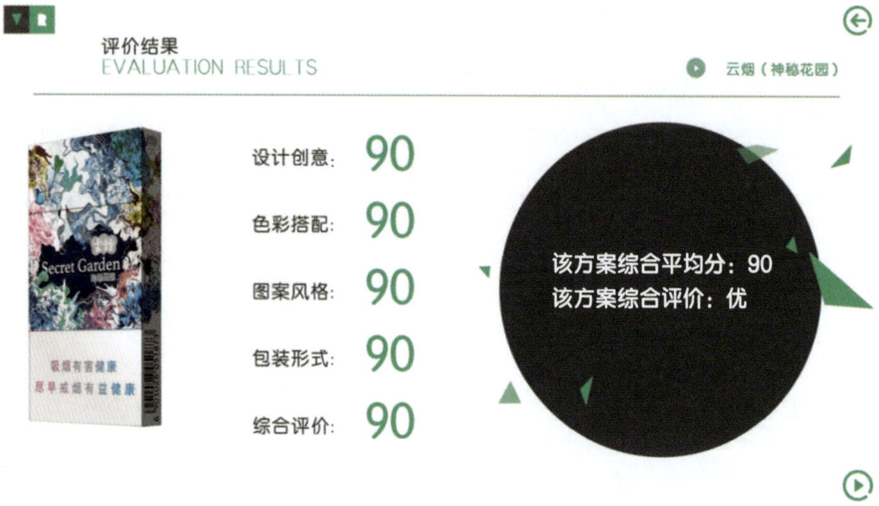

图4.4　综合评价结果示例

4.2　VR幻真互动评审系统的应用实例

以云烟卷烟的产品包装设计评审为例，VR幻真互动评审系统应用主要如图4.5所示。

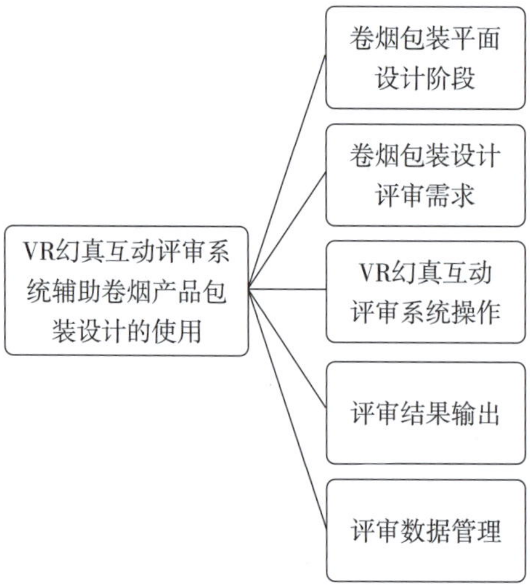

图4.5　VR幻真互动评审系统的应用实例

4.2.1 卷烟包装平面设计阶段

提出包装设计计划，并进行平面设计创意。

4.2.2 卷烟包装设计评审需求

在平面设计创意进行到一定阶段时，产生了包装设计评审需求，传统包装设计评审采用实物打样方式实现，通过VR幻真互动评审系统，较之传统方式，将提升评审效率。

4.2.3 VR幻真互动评审系统操作

如图4.6所示，VR幻真互动评审系统在辅助卷烟包装设计评审上的使用主要包括：PC应用端、移动评审端、VR显示端、管理端与服务器的协同，图4.7为应用实例。

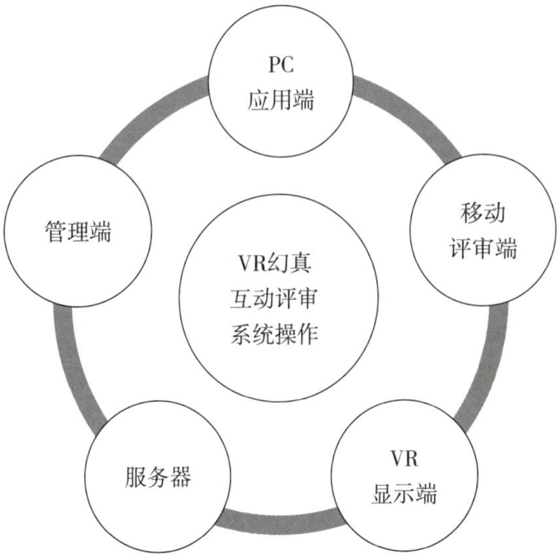

图4.6　VR幻真互动评审系统操作示意图

图4.7　VR幻真互动评审系统操作应用实例：使用效果示意

4.2.3.1　PC应用端

在系统互动评审的过程中，PC应用端主要由操作人员使用，主要负责导入方案、介绍方案、调试方案。

（1）导入包装方案　将云烟卷烟平面包装设计方案导入系统，实现平面包装的三维化显示。

（2）方案调试　卷烟包装平面设计方案导入后生成的三维模型不具备特殊印刷效果，需要进行特殊效果的调试与处理，特殊印刷效果参数包括：烫金、镭射、凹凸、底纹、反射，可同步显示所有效果，也可单独选择相关效果显示。

（3）方案展示　在PC应用端，可预览所有导入方案，并进行交互操作。

（4）方案实时调整　对相关预览方案可实现实时调整，包括缩放、旋转、方案颜色、底纹、边框、特殊印刷效果的即时调整和同步显示。

4.2.3.2　移动评审端

在系统互动评审的过程中，移动评审端主要由评审人员（评委、领导等）操作。移动评审端采用无线网络实现与管理端的通信和连接，可通过移动端评审端实现：评审方案预览、方案实时交互、方案实时对比、方案实时评价、提交评价。移动端可由数名评审人员通过移动智能终端同时使用，且互相独立，评审数据由服务器和管理端进行收集和分析。

（1）评审方案预览　可预览所有需要评审的卷烟包装方案，可多方案显示，也可单独方案显示，所有方案一目了然。

（2）方案实时交互　对相关预览方案可实现实时调整，包括缩放、旋转等操作。

（3）方案实时对比　可实时对方案进行对比演示，如同一系列的卷烟包装设计的方案，可在选择后经过对比，细致观看每个方案并进行评价。

（4）方案实时评价　评审人员可对方案进行实时评价，评价参数包括：包装设计创意、色彩搭配、图案风格、包装形式、综合评价等。

（5）提交评价　提交评价后，评审数据由服务器和管理端进行收集和分析。

4.2.3.3　VR显示端

在系统互动评审的过程中，VR显示端主要实现卷烟包装设计的大画幅高保真立体成像显示，PC应用端的画面将通过局域网络实时显示在VR显示端上，保证大画幅高保真立体成像显示。

4.2.3.4　服务器

在系统互动评审的过程中，服务器的主要工作是在相应网络协议下，对评审端发出的技术需求和管理端的管理需求提供支持。

4.2.3.5　管理端

在系统互动评审的过程中，管理端主要实现对卷烟包装设计素材库的管理，支持PC应用端和移动评审端的实时交互功能，并实现评审结果的输出、印刷文件资料的输出和印刷文件的协同管理。

4.2.4　评审结果输出

通过VR幻真互动评审系统的交互操作，输出相关的评审结论，输出内容可包括：评审结果报告、相关印刷文件、卷烟包装设计高清三维效果图、卷烟包装方案视频预览等。

4.2.5 评审数据管理

后台服务器将持续对相关数据进行储存和管理，对于VR幻真互动评审系统，软硬件的集成最终实现了系统的完整应用，是整个系统的灵魂部分。通过Web3D开发实现卷烟包装素材库，实现卷烟包装方案的录入，实现相关素材的实时调用；基于卷烟产品包装设计的基础理论和印刷工艺的基础方法，通过Unity3D等开发工具实现了卷烟包装特殊印刷效果的三维高清显示，搭建了软硬件结合的卷烟包装设计评审平台，开发一套应用于卷烟包装设计评审的方法，结合VR（虚拟现实技术）与显示端，实现仿真展示卷烟包装设计中的特殊印刷效果，印刷效果仿真度达到80%。开发出一套卷烟设计虚拟素材数据协同体系，实现协同印刷文件输出；匹配的相应印刷文件，可更好地对印刷源文件与印刷环节的结合进行协同管理。还首次开发一套卷烟包装设计评审结果分析方法，与管理端结合，实现评审人员在线的评分及模块化点评，实时输出评审数据及结论，提高评审结果的分析准确度和效率。

5

增强现实技术（AR）在包装中的应用研究

5.1　AR在卷烟包装中的总体技术路线

增强现实技术（AR）在包装中的总体技术路线见图5.1。

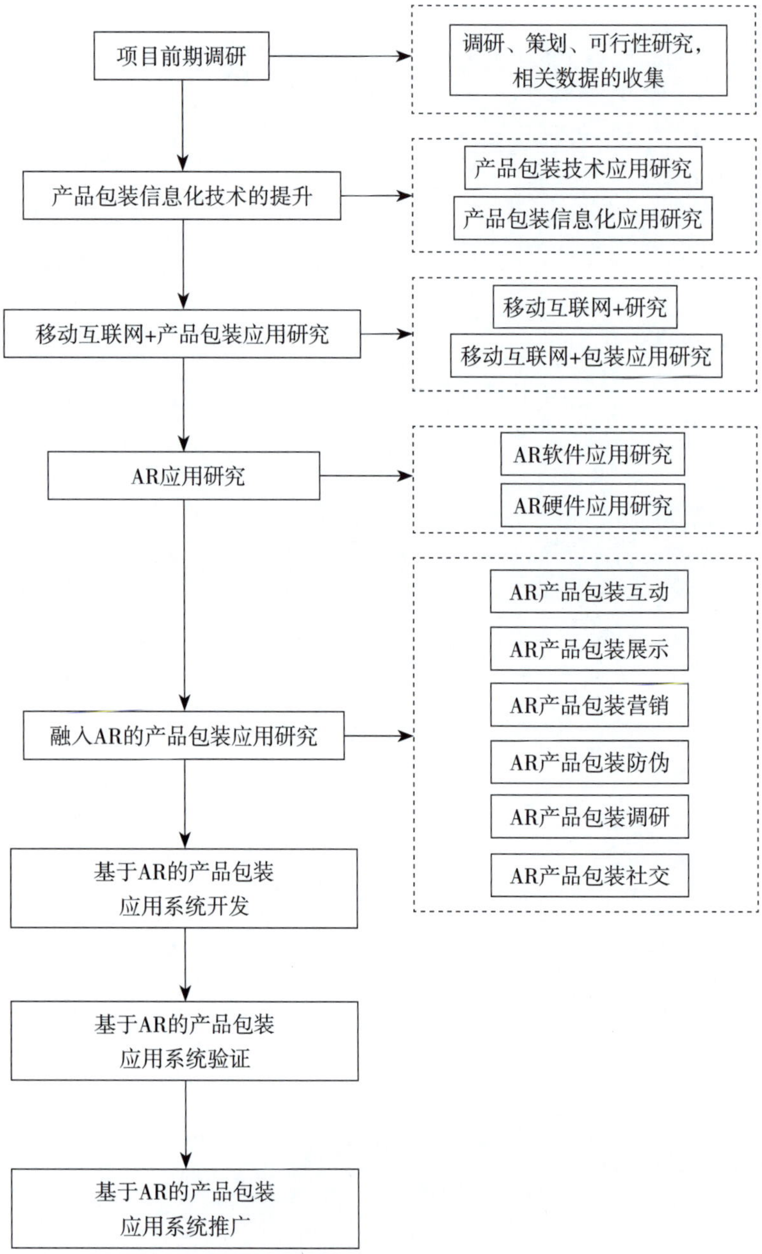

图5.1　增强现实技术（AR）总体技术路线

5.2 产品包装信息化技术的提升

5.2.1 产品包装数码设计技术

产品形状及特征的多样性决定了产品包装的形态与结构的千变万化，其设计又是在二维与三维之间来回往复不断调整变化中完成的，因此包装的形成是相当复杂的。包装设计从二维转变为三维时，因展开及固定视点的变化，产品成型后的立体型常常出乎意料。在这个科技高速发展、市场竞争日益激烈的时代，包装设计如何适应时代发展，快速、准确、节约地实现设计目标；如何寻找一种合理、有效、快捷的方法与技术，来满足时代的发展与包装自身的发展变得尤为重要。

初时，在数字化技术支持下的产品包装的设计示意图与传统的设计相比只是在设计过程中引入了数码技术，分别对包装的视觉传达、形态结构及整体效果进行辅助设计制作，并在计算机中将平面设计稿自动转化为三维可视化的立体模型，这种立体的可视化模型与我们以往折叠的包装样品基本一致，区别在一个是实实在在的样品，另一个是虚拟空间的三维实体模型，然而它们所实现的功能是完全相同的，即平面设计稿在转化为立体模型后，其视觉效果是否达到设计的最初要求，给设计者与客户提供一个判断是否需要进一步加工和修改的信息。其整个设计过程都是在计算机内部完成的，不需要其他任何工具和材料，其过程简捷、方便、经济、有效。

5.2.1.1 平面设计

平面设计方面，整体平面设计是将包装界面中所涉及的内容在平面设计软件中进行整体编排设计的过程，它涉及文字设计、图形设计、色彩设计、图文编排等。目前在这个方面最常用的软件是Corel-Draw 、Freehand 、Adobe Illustrator等，这类软件的共同特点是操作方便、功能强大；具有较强的图形生成、文字设计和图文编排等能力；且生成的图形，在文件输出时精度不受缩放大小的影响等。我们可以任选一个软件进行产品包装的平面设计编排。值得注意的是这类软件的默认文件格式都为矢量图形格式，这种格式的文件不能为后面的三维软件所用，需对其存储格式进行一定的处理，以便于后面的操作。

平面图形处理方面，在平面设计软件中完成的产品包装的平面设计稿，是一个整体平面图形，这种形式的图形文件不能直接为后面三维可视化的生成所用，还需对其进行进一步加工修改。Photoshop 目前是PC机和苹果机中应用最广泛的平面图形处理软件，它的功能非常强大，可以对图像进行任意的复制、剪切、删除、拼贴、合成和各种美妙的艺术加工等。现在Photoshop 已是高质量彩色桌面印刷系统、预印、多媒体、动画制作、数字摄影和着色的重要保证。在这里我们利用它来对设计好的包装平面图形进行分割。分割原则是产品包装结构设计中各结构面的形态和结构，每一个结构面都必须分割成一个独立的图形，并依据结构面的特征分别对其命名，以防混淆。

在平面设计时常常需要使用照片或图片，这些资料的获取目前主要是利用数码相机的拍摄和扫描仪的扫描。它们被计算机获取后，往往并不能直接使用，必须对其进行必要的加工处理。另外，在三维可视化图形基本完成后也常常需要进行一些加工，才可获得优美的效果图，这又是只有Photoshop 软件才可胜任的。因此，在产品包装的数码设计中，Photoshop是一个不可缺少的应用软件。

5.2.1.2 三维可视化

三维可视化的实现，是利用计算机中三维图形软件在计算机的屏幕上建立一个完全虚拟的三维空间。在虚拟的空间里设计者可以以三维方式直接进行各种类型的立体设计，如室内设计、产品设计、雕塑设计、三维动画设计等。二维的CAD系统只能帮助设计人员减轻手工设计和绘图的工作量，而三维可视化技术不仅能反映人的丰富的创造性结果，更能把握在形态创造过程中所产生的随机偶然性结果，这些对设计人员来说尤其珍贵，它可以启迪人在设计创作中的灵感。三维可视化技术还可以非常简单地完成实时图示化编辑和修改，操作方便，能最直接地体现设计者的创作意图。

包装本身就是一个空间三维结构，利用三维可视化技术来辅助设计是最好的选择。目前市场上的三维软件很多，但使用最频繁的还是3Dstudio MAX 软件。

（1）应用软件3Dstudio MAX的优点

①它有很强的建模功能，分基础建模和高级建模，这可为产品包装结构设计的数码生成提供技术支持。

②它有超强的材料编辑功能，用户可以根据需要建立自己的材料库，这一点是产品包装可视化生成不可多得的应用技术支持，我们可以将平面设计的图形分割后的文件制作成相应的三维贴图材料，在结构建模完成后，按照结构面分别将制作的贴图材料指定给对应的结构面，渲染后就可得到产品包装的三维可视化的虚拟模型了。当然在材料指定后，有些参数的调整是必要的，这是由于3Dstudio MAX 软件在空间结构面生成的“面”有正反之分，并由“面”的法线方向控制。

③每个结构面都有自己的三维坐标系统，材料的三维坐标必须和“面”的坐标一致。如果不作相应的参数调整，在渲染时有些结构面就会看不到贴图效果。3Dstudio MAX软件有良好的动画功能，如有必要可以将产品包装设计的场景制作成动画，动态地显示其三维立体效果。

（2）三维可视化的一般步骤　产品包装数码设计的三维可视化生成的一般步骤如下。

①利用3Dstudio MAX 软件进行包装结构的设计和建模。

②将平面设计图形分割后的各分块图形文件进行3Dstudio MAX 的贴图材料制作。

③使用次物体贴图编辑命令，将各结构面的贴图材料分别指定给对应的结构面，并调整参数，使其可视化的效果与其设计构想一致。

④调整效果图的输出视角，渲染输出，最后对输出的效果进行设计评价，如不满意，可返回修改。

5.2.1.3 产品包装数码设计的优势

产品包装数码设计与传统手工设计相比，具有以下优势。

一是设计创意空间更加灵活、开阔，设计使用的材料和设备更加简化。

二是设计的变更与修改简捷快速，系列设计生成更方便，设计表达更加简易且表现品质更高。

三是图纸的生成更简单且更精确，设计建档方便容易。

四是信息传递更加快捷，设计效率更高。

在整个设计过程中，“平面设计”阶段主要解决产品包装中相关联的一些基础要素的设计，如图形、文案及色彩，这些都还处于“手绘稿”阶段；随后在“平面图形处理”阶段实现手绘稿向电子的计算机图形的转变，在这个过程中，主要完成图形、文案、色彩三者的搭配及一些细节的调整，其次还有对观者视觉习惯进行分析，得出最佳的实施方案；最后，在“三维可视化的实现”阶段，主要解决产品包装的结构、形态，通过三维虚拟化的技术及相关数据分析实现令包装的结构、形态更加符合消费者的使用习惯，同时使整个设计过程更加快捷，更加节省时间和材料。

产品包装设计的实质从某种意义上说，是一个反复修正不断完善的过程，数码技术无疑为设计快速、方便、准确地达成目标提供了最有效的技术和方法，也使企业在竞争中能占据有利地位，同时也将设计师从繁杂的手工劳动中解脱出来，降低了设计师的设计工作强度，为包装设计适应时代的发展提供了最先进的科技手段。

5.2.2 产品包装信息化

当前，信息技术向着高速、宽带、大容量、多功能和网络化方向发展，越来越多地被国内外包装企业所应用。包装行业信息化的主要内容涵盖以下几个方面。

（1）包装行业数据库系统　数据库系统是一种能有组织且动态地存储、管理、重复利用一系列有密切联系的数据集合的综合计算机系统。目前常见的包装行业基础数据库主要包括包装行业资源信息数据库（包装材料等），色彩设计资源库，包装行业技术信息数据库（包括新技术、新产品等），包装行业市场信息数据库（如产品流通、供求信息等），包装行业政策法规数据库，包装行业机构、企业、黄页数据库等。

（2）包装行业管理信息系统　管理信息系统是收集和处理管理过程中有关信息，为决策提供帮助的一种信息处理系统。用计算机辅助于包装行业企业的管理可以给包装行业企业的管理带来高效率、高质量和高效益。目前在一些发达国家，计算机管理信息系统已普遍应用于包装行业企业的生产、技术、销售等日常管理业务中。国内包装印刷行业企业也在其日常业务中应用了管理信息系统，诸如某些包装印刷企业使用的供应商库存管理系统、深圳某公司开发的印刷包装行业TQM/MRP Ⅱ/ERP信息电脑管理系统等。

（3）包装行业专家系统　包装行业专家系统是以知识为基础、在特定领域内能像专家那样解决复杂的现实问题的计算机系统。它是将包装行业机械、设计等专家的经验，用合适的表示方法，经过知识的获取、总结、理解、分析、存入知识库，通过推理机制求解问题。目前，国内包装院校及科研机构已经开发出了部分应用于包装行业的专家系统，诸如色彩设计专家系统等。

（4）计算机网络及Internet技术　计算机网络是指以共享资源为目的、利用现代通信及计算机手段将分散的多个独立计算机系统、终端数据设备与中心服务器、控制系统连接起来，对网上信息进行开发、获取、传播、加工和利用的综合设备体系。目前世界上发展最迅速、利用最广泛的计算机网络就是Internet。

（5）多媒体技术　多媒体技术就是利用计算机技术把文字、声音、图形、图像等多种媒体综合为一体，使之建立起逻辑联系，并能进行加工处理的技术。目前，人们可以把摄录的全电视信号、录音信号转换成数字信息，以便于交流和传播。多媒体技术在包装行业中的应用主要有：包装产品的展示、包装企业宣传、包装行业信息咨询系统等。

（6）行业网站建设　行业网站的特点是能够为行业企业提供有价值的专业信息，因为企业需要这么一个专业的信息平台，只要网站的服务能给企业带来价值，企业就会付出成本。以中国包装网为例，利用“中国包装网”拥有的庞大联盟阵营全方位地对客户企业进行推广，如在一些大型招商引资活动中进行推介，形成报纸、杂志、网站、会展、短信五大主流媒体时间及空间效果上的立体覆盖传播效应。

（7）电子商务　网络为印刷商和客户之间架起了桥梁，并提供了基于网络的包装印刷工艺管理解决方案。据美国全国联合会1999年的一份调查报告，在由

50多家包装印刷公司组成的包装印刷商务小组中，97.6%的公司利用互联网与客户进行在线式的文件交换和电子邮件联系，超过92%的印刷公司拥有网站，但拥有网站的不仅仅是这些大公司，56%的中型公司，45%的小型公司也建有自己的网站。中国包装联合会提出，紧跟时代特征及产业结构调整，以信息技术改造传统包装产业。鼓励包装企业应用信息技术进行企业改造，积极推进对包装业健康发展有突破性重大带动作用的高新技术，用先进适用技术改造传统产业。

5.3 移动互联网+包装应用研究

在信息技术的发展下，移动通信网络和传统的互联网结合形成了移动互联网。移动互联网是近几年发展最迅猛的领域，在促进了信息产业变革的同时，也影响了人们的日常生活。调查显示，目前我国移动互联网用户数量超过互联网总用户数量的80%，呈现逐年上升的发展趋势。我国的移动互联网用户已达到“关键的大多数”，这将有利于促进互联网的商业变革。谷歌和苹果的两大移动互联网操作系统是移动互联网发展下的产物，在全球移动终端操作系统中占据90%以上的市场。目前移动互联网商业模式的主要形式是基于移动操作系统的应用商店，商店的应用软件已经改变了传统的行业和营销模式，如餐饮、银行、医疗、教育、交通等的应用软件数量和下载数量的逐年剧增也促进了知识型“互联网+”的发展。

移动互联网不仅能实现传统的移动通信和传统互联网业务，还能实现向各种创新业务模式发展，这与移动互联网的特点和优点是离不开的。移动互联网有以下特点。

（1）便携性　移动终端设备小巧易携带。

（2）实用性　通过接入移动互联网络，用户能够随时随地获取自己所需的信息、服务和数据。

（3）易操作性　移动终端的局限性使得移动互联网服务操作简单。

（4）要素关联性　要获得移动互联网服务必须同时具备移动终端、接入网络和移动业务三要素。

与传统互联网相比，移动互联网具有的优势在于：能够随时随地获取所需要的服务；具有安全、可靠的认证机制；具有从业务端到客户端的流程可控性等。移动互联网也有它的劣势，主要包括：无线网络频谱资源的稀缺性；用户数据安全和隐私性；移动终端硬件和软件缺乏统一标准等。在移动互联网发展和商业变革下，移动互联网业务不单纯是在传统互联网业务上的延伸，而是与多种传统业务相融合的综合体，表现出创新性和商业性的特点。创新性，如商品条形码比价、扫描二维码付款、重力感应和陀螺仪确定用户的操作动作等；商业性，如手机应用商店、集成各种服务的应用系统等。

2015年3月5日中华人民共和国第十二届全国人民代表大会第三次会议上，李克强总理在政府工作报告中首次提出“互联网+”行动计划。该计划重点促进以云计算、物联网、大数据为代表的新一代信息技术与现代制造业、生产性服务业等的融合创新，发展壮大新兴业态，打造新的产业增长点，为大众创业、万众创新提供环境，为产业智能化提供支撑，增强新的经济发展动力，促进国民经济提质增效升级。中国包装产业应立足于国家大政方针，不断开拓创新，为促进我国经济转型升级，提升中国包装的世界水平、国际地位不断努力。

“互联网+包装”代表一种新的经济形态，即充分发挥互联网在包装产业中的优化和集成作用，将互联网的创新成果深度融合于包装产业各环节之中，提升我国包装产业的创新力和生产力，形成更广泛的以互联网为基础设施和实现工具的包装产业发展新形态。

5.3.1 “互联网+包装”的基本内涵

“互联网+包装”，不是简单的两者相加，而是利用信息通信技术以及互联网平台，让互联网与包装行业进行深度融合，这相当于给包装行业加一双“互联网”的翅膀，然后助飞包装行业，创造新的发展生态。

互联网时代的思考方式，不局限在互联网产品、互联网企业。这里指的互联网，不单指浅谈包装产业的“互联网+”桌面互联网或者移动互联网，是泛互联网，因为未来的网络形态一定是跨越各种终端设备的。互联网思维是降低维度，让互联网产业以低姿态主动去融合实体产业。

传统的包装设计大多重视设计的美观，而不具有实时互动的特征，往往考虑互相性较少，而良好的交互性设计才是设计的灵魂。一方面，包装设计要让消费者感受到温暖和人情味，另一方面，要让包装设计成为消费者的交流平台，让包装作品与受众之间在技术和艺术两个层面上进行信息与情感交流，消费者可以将自己的观念和感受体现在包装设计上，让情感和观念得到快速地传播，这种交互式设计强调一种人性化的沟通与交流，体现以人为本的精神实质，无论是包装的图文还是色彩都体现了人性的尊重和关怀，包装成为大众情感的载体，也像一位情感演说家，“互联网+包装”结合用户体验，强调受众的参与、想象、互通，能激发受众的情感和心理共鸣。包装设计中情与景的融合与互动，已发展成为一种新的包装形式，这种用图形触情、用户参与、趣味抒情、互动传情的设计才是有情怀的设计，才能让消费者心动。

5.3.2 “互联网+包装”的主要特征

“互联网+包装”最重要的就是包装产业互联网思维，互联网上缺的不是产品，而是销售产品的人，所以搞懂包装产业互联网思维至关重要。作者认为“互联网+包装”应有以下五大特征。

一是跨领域融合。“+”就是跨领域，就是变革，就是开放，就是重塑融合。敢于跨领域了，创新的基础就更坚实；融合协同了，群体智能才会实现，从研发到产业化的路径才会更垂直。融合本身也指代身份的融合，客户消费转化为投资，伙伴参与创新等。

二是创新驱动。中国粗放的资源驱动型增长方式早就难以为继，必须转变到创新驱动发展这条正确的道路上来。这正是互联网的特质，用所谓的互联网思维来求变、来自我革命，也更能发挥创新的力量。

三是重塑结构。信息革命、全球化、互联网业已打破了原有的社会结构、经济结构、地缘结构、文化结构。权力、议事规则、话语权不断在发生变化，“互联网+社会治理”、虚拟社会治理会是一场很大的变革。

四是尊重人性。人性的光辉是推动科技进步、经济增长、社会进步、文化繁荣的最根本的力量，互联网的力量之强大最根本上也来源于对人性的最大限度的尊重、对人体验的敬畏、对人的创造性发挥的重视。

五是开放生态。关于“互联网+包装”，生态是非常重要的特征，而生态的本身就是开放的。推进“互联网+包装”，其中一个重要的方向就是要把过去制约创新的环节化解掉，把孤岛式创新连接起来，让研发由人性决定的市场驱动，让创业并努力者有机会实现价值。

5.3.3 “互联网+包装”的发展趋势

严格说来，“互联网+包装”是创新2.0下的互联网与包装行业融合发展的新形态、新业态，是创新2.0推动下知识社会的互联网形态演进及其催生的包装产业发展新常态。它代表一种新的经济增长形态，即充分发挥互联网在生产要素配置中的优化和集成作用，将互联网的创新成果深度融合于包装产业之中，提升包装企业的创新力和生产力，形成更广泛的以互联网为基础设施和实现工具的中国包装新模式。

如今消费行为和消费方式已经发生了很大的改变，体验经济时代背景下的包装设计思维必须革新。本研究从“互联网+包装”使产品包装从以人为本的角度出发。在互联网思维下的包装设计以用户为中心，为包装注入了趣味性、多维化、互动性、参与感、体验感等新鲜血液。互动基因的融入使得产品包装能积极地与消费者交换动作、思维和情感，让包装和消费者之间建立一种有机的无缝连接关系，带来全新的情感体验。未来，科学性和人性化将是“融入AR的移动互联网+卷烟产品包装应用研究”的制胜之道。

5.4 AR应用研究

增强现实技术（AR）是虚拟现实技术的一个重要分支，它将虚拟图形环境与现实环境融为一体，使用户从感官上确信虚拟环境是其真实环境的组成部分。增强现实技术的三大特性是虚实结合、实时交互和三维尺度上的匹配，这主要通过显示技术、交互技术、多种传感技术和计算机图形与多媒体技术等的结合实现。

为了能产生有机融合的虚实场景，增强现实系统主要需解决增强现实环境的视觉一致性问题，包括：几何一致性、运动一致性、光学效果一致性和渲染细节分配等。所谓几何一致性，就是指无论在虚拟环境中静止或漫游，实体对象都应与集成的图像保持透视关系一致性；而所谓运动一致性，就是指当虚拟环境中的对象作出诸如平移或旋转等运动时，模型的尺寸和视角都应随时与静止图像建立的虚拟环境保持一致；光学效果一致性则是指虚拟对象的阴影、高光等光学效果应与环境保持一致，其基本思路是首先恢复出真实场景的光照模型，然后计算对虚拟对象的影响，如明暗、阴影、反射等，这通常要在场景中放置镜面反射物体（如镜面球等）以获取光照信息，或者用阴影投射区域等进行光照估计；渲染细节分配是指图像间、模型对象间以及图像与模型对象之间渲染精度的合理分配，主要是动态规划绘制细节水平的问题，目前在实际AR系统中需求不高。增强现实系统的研究需涉及许多关键技术，如显示技术、跟踪注册技术、界面与可视化技术和相机标定技术等。其中，跟踪注册技术决定了系统的几何一致性，关键在于如何能精确计算实景相机的位置和参数，将虚拟对象以适当的大小和正确遮挡关系加入场景中的适当位置。增强现实系统的综合性能主要由其注册精度和系统延迟来决定，根据不同的AR应用背景有不同的需求。本节首先给出了增强现实系统的总体结构，然后在此基础上重点论述了显示技术和跟踪注册技术的相关方法及其各自的特性和应用场合，最后对增强现实的当前应用和优势做出了概要总结。

5.4.1 增强现实系统的总体结构

一个典型的增强现实系统通常由场景采集系统、跟踪注册系统、虚拟场景发生器、虚实合成系统、显示系统和人机交互界面等多个子系统构成。其中，场景采集系统负责获取真实环境中的信息，如外界环境图像或视频；跟踪注册系统用于跟踪观察用户的头部方位和视线方向等，虚实合成系统是指虚拟场景与真实场景对准的定位设备和算法，还有虚拟图形绘制系统负责生成要加入的虚拟图形对象。

增强现实系统中，输入图像经过处理组织建立起实景空间，计算机生成虚拟对象依几何一致性嵌入实景空间中，形成虚实融合的增强现实环境；这个环境再输入显示系统呈现给用户；最后用户通过交互设备与场景环境进行互动。其中，让虚实准确结合的注册步骤非常关键，和最后的显示输出端一起，决定了用户对环境的最终感知效果，所以后文将重点对这两项技术进行详细阐述。

5.4.2 增强现实系统的关键技术

5.4.2.1 显示技术

增强现实系统中的显示器可以分为头盔显示器和非头盔显示设备。目前，一般的增强现实系统主要使用透视式头盔显示器。

透视式头盔显示器主要由三个基本环节构成：虚拟信息显示通道、真实环境显示通道、图像融合及显示通道。其中，虚拟信息的显示原理与虚拟现实系统所用的浸没式头盔显示器基本相同；图像融合与显示通道是与用户交互的最终接口，根据其中真实环境的表现方式，可分为基于CCD相机的摄像原理的视频透视式头盔显示器和基于光学原理的光学透视式头盔显示器两类。视频透视式头盔显示器首先由安装在头盔上的两个微型CCD摄像机摄取外部环境的图像，然后将计算机图形学生成的信息或图像叠加在摄像机视频上，通过视频信号融合器实现计算机生成的虚拟场景与真实场景融合，最后通过显示系统呈现给用户。光学透视式头盔显示器则通过一对安装在眼前的有半反半透镜的光学合成器实现对真实环境与虚拟信息的融合：真实场景直接透过半反半透镜呈现给用户，经过光学系统放大的虚拟场景经半反半透镜反射而进入眼睛。视频透视式和光学透视式头盔（HM）在注册精度、系统延迟真实场景的分辨率和失真、视场等方面，都有不同表现，光学透视式头盔显示器对真实环境几乎无损显示，用户获得的信息比较可靠全面，但真实环境与虚拟图像的融合困难，视频透视式头盔显示器对真实环境的复现受到很多因素的限制，而真实环境与虚拟图像的融合却容易了很多。

非头盔式的显示设备一般包括手持显示器或平面显示器、投影成像系统、自由立体显示器以及一些特殊场合专用的显示设备。其中较特别的有头戴式投影器、眼镜式显示器和视网膜投影显示等。

在实际应用中，显示设备的选用主要依据其运用的环境和任务而定：一般说来，头盔式显示设备受环境约束较小，室内户外均可以使用，设备价格适中，沉浸感较好；非头盔式的显示设备一般成本较高，可多人共享，使用性能稳定、寿命较长，而且免除了使用者由于戴头盔显示设备而造成的不适与疲劳感。

5.4.2.2 跟踪注册技术

增强现实系统的跟踪注册包含使用者头部的空间定位跟踪和虚拟物体在真实空间中的定位，这两个方面的内容关系到虚拟和真实对象的配准、排列。对用户头部相对位置和视线方向的获取一般可分为两种：一种是采用跟踪传感器进行注册，简称跟踪器法；另一种是采用计算机视觉系统结合特定算法来实时呈现，简称视觉法。在实际应用中，由于这两种方法各有其优缺点，为了得到更广泛的适应性和更好的性能，许多系统采用将两者相结合的复合方法。此外，还有通过在用户头部和相关对象关键部位安装三维跟踪器来实现的，但因为要事先了解对象结构并安装跟踪器，使之应用范围受到限制，本节中不作介绍。

5.4.2.3 视觉跟踪注册

目前，视觉跟踪注册主要有基准点法、模版匹配法、仿射变换法和基于运动图像序列的方法等。其中，基准点法需事先对相机进行定标，并设置相应的标记或基准点，然后对获取的图像进行分析，以计算相机的位置和姿态。其原理是先从图像中提取一些已知的对象特征点，找到真实环境和图像中对应点的相关性，然后由相关性计算出对象姿态，这个过程也就是对从世界坐标转换到摄像机坐标的模型视图矩阵的求解过程。通常，特征点可以由孔洞、拐点或人为设置的标记来提供。其中，对于人为标记的特征点，若按照颜色划分则有黑白与彩色两种情况，而按照形状划分则有圆形、同心圆环、多边形（包括三角形、方形、五边形等）和条形码等。黑白标志可在图像二值化后用相应算法提取，相对来说彩色标志通过色彩分量提取更容易，但同时也易受到光照条件、相机本身质量和观察角度方向等的影响；圆形和同心圆环基于本身几何特性对观察方向的改变很稳定，但是用于作为特征点的中心位置就较难以精确确定；多边形标记采用拐角作为特征点，位置信息更为精确，但往往需要额外途径或信息以使各拐角特征点相互区别，而且多边形方法在标记部分受到遮挡时就可能会由于特征点数量的缺失而失效。

根据所使用摄像机的数量不同，基准点法又可分为基于一个摄像机的单摄像机法和双摄像机的立体视觉法。对单摄像机法来说，至少需要四个特征点，因而常采用方形标记；立体视觉法则需三个特征点就可确定，因此原理上采用三角形即可，但出于对遮挡鲁棒性的考虑有时也会采用方形标记。立体视觉在对特征点数量的要求上更具优势，并且可以同时从图像视差中获取场景深度信息，但该法分辨率不高、定位精度不够、相机之间基线短且注册深度有限。因此单相机方法虽然需要至少四个特征点，却因性能表现成为了注册方法的首选；立体视觉法则可作为对单相机方法提高稳定性的额外补充，发挥重要作用。

模版匹配法同样需要事先对相机标定内部参数，再通过图像分析处理提取环境中平面上的特定图形图案，并与已有模式进行匹配，匹配成功即可确定该图案板的位置和姿态，因而确定要叠加在图案板上虚拟对象的位置和姿态。

5.4.2.4 复合注册法

一般的视觉跟踪注册法虽然精确性高，但为了缩短图像分析处理的时间，常依赖于帧间连续性，当相机与对象间相对运动速度较大时就会找不到特征点；另外，视觉跟踪注册法在环境不符合要求（例如标记被遮挡或光照不足）时会失效，稳定性不够好。而跟踪传感器如电磁跟踪等虽然精确性不高，又有一定延迟，但鲁棒性和稳定性不错，而且对用户运动的限制也较小。因此，结合视觉法和基于跟踪器的方法可以取长补短——通常是先由跟踪传感器大概估计位置姿态，再通过视觉法进一步精确调整定位。一般采用的复合法有视觉与电磁跟踪结合、视觉与惯性跟踪结合等。电磁跟踪法便携性好，但易受到环境中金属物体的影响，精度不够高，与视觉法结合可以起到加速图像分析过程、从多选中确定正解、作为后备稳定跟踪和为视觉法提供对比参照结果等作用。惯性跟踪优点是延迟小速度快，缺点是有误差累积效应并会影响注册稳定性。其与视觉法结合后可以预测平面标记的大概运动范围并增加系统鲁棒性和性能表现，视觉法则负责局部图像分析以精确定位并消除传感器的累积漂移量。

5.4.3 增强现实技术在产品包装中的应用

增强现实技术的应用是电脑技术发展的必然趋势，它可以使我们的现实世界变得更加有趣和有互动性，随着科学技术的不断发展，增强现实技术所能涉及的范围会越来越广。我们的生活也会随之变得更加便捷、多元、交互、生动、有趣。包装设计是与人们生活息息相关并伴随人类社会科学历史发展而改变的领域。增强现实技术在蓬勃发展之下自然也会涉及包装设计。美国哈根达斯冰淇淋的某款产品就应用增强现实技术很好地营造出了高雅别致的用户体验氛围。当人们把冰淇淋从冰箱中取出，用智能终端设备中的App应用摄像头对准冰淇淋盒盖Logo时，就会出现音乐家演奏大小提琴的视听影像，演奏家演绎着手中的乐器，美妙的音乐随着演奏家身体律动的节奏高低起伏，很好地为这款冰淇淋增添了高雅的艺术氛围，整个演奏过程将近两分钟，人们在观看完演奏表演后，再打开盒盖，正是冰淇淋的最佳品尝时机，稍稍融化的口感使冰淇淋愈发美妙。这就是美国哈根达斯公司精心设计的交互体验，传达“等待两分钟，口感会更好”的品尝心得。不得不说这是一个有趣的为商品加分的包装设计，增强现实技术的应用，使吃冰淇淋变得更加有情调，让这种相比其他冰淇淋价格稍高的产品显得更加有说服力，让消费者心甘情愿花更多的钱去体验这种高端品牌所带来的有格调的使用体验。这就是品牌差异化定位在用户体验方面取得成功的例子。

5.4.4 增强现实技术在产品包装设计中的优势

在包装设计中，增强现实技术于营造用户体验方面是可以有较大发挥空间的。它能逼真地突破空间约束等限制，淋漓尽致地给人们展示视听触等超现实画面感应。它可以很好地给消费者演示商品信息及使用方法，即时展示商品广告，给人们带来意想不到的体验惊喜。这在国外商品包装中已广为运用，但在我国还处于探索阶段。因此我们有必要认清增强现实技术给包装设计带来的好处，并不断探索它的深度和广度。

5.4.4.1 能视听触全方位解析产品信息

人们通过各种智能终端设备的相应扫描程序对准商品外包装，就会自动显示产品相关信息，信息呈现的一定是商品包装本身所无法兼容的内容，它可以是一段视频、音频，也可以是一种交互式操作的信息展示，将产品的相关信息以有趣的互动方式在人们的电子屏幕上显现，这种增强现实技术的运用可以在传达产品信息的同时宣传企业文化。这使人们在拿到产品的第一刻就能有良好的用户体验。

5.4.4.2 产品使用说明演示更直观

对于那种无法从外包装来判断产品使用功能的商品，我们就可以利用增强现实技术来帮助消费者直观地了解商品的使用操作过程。乐高玩具就推出了将玩具包装盒对准计算机摄影镜头就能实时观看到盒子里的玩具操作过程及组装后的全貌的设计，以帮助消费者选择购买。我们常常会遇到无法从包装上得知产品实际样貌或操作过程而很难抉择其是否适合自己的情况，但是如果包装设计采用增强现实技术就能从很大程度上缩短人们的购物时间，同时消费者也能通过这种技术对产品有直观的购买前的感受体验。

5.4.4.3 广告宣传更有趣，增加产品影响力

有了增强现实技术的应用，商品广告可以在人们的终端设备镜头对准产品包装的那一刻出现，以这种方式出现的广告不会引起人们的反感，反而会因此增加人们的关注，但是这种广告一定要够有趣、互动感够强，还要一定程度上利于消费者对商品的后续操作和使用。

5.4.4.4 带给人们交互体验的惊喜，烘托商品使用气氛

增强现实技术在包装设计上应用的最大的特点就是增加了人们与商品之间的互动，从商品摆在货架上的那一刻开始，人们就能够与商品产生互动式的交流。商品的基本信息、使用说明、企业文化宣传以及使用过程中的种种都可以通过增强现实技术，给人们实时交互的体验。体验过程中带给人们的惊喜往往会使消费者建立起永久的品牌印象，再逐渐叠加良好的使用体验，最终形成品牌忠实度。

增强现实技术作为科技领域在人们生活中的应用是最具活力与发展前景的技术，虚拟世界所发生的无限可能性现已能通过计算机技术在现实世界中显现。包装设计在增强现实技术下使虚拟对象生动传达商品理念信息、与消费者进行互动演绎，增添了包装带给人们的体验感。这是这个时代赋予包装设计的使命，将更加人性化、更加便捷的服务通过人们的智能移动终端设备传达，无疑也是对现代人们使用智能手机等设备习惯的尊重。

讲了这么多的增强现实技术给包装设计带来的用户体验上的好处，融入AR的卷烟产品包装应用系统其实简单来说就是利用人们的移动终端硬件设备辅助完成更多的消费者与商品之间的交互行为。将包装设计与智能高新技术相结合是为了迎合信息时代下人们的体验习惯，移动互联网带给人们的互动交互式体验、趣味性体验、人性化的体验使我们受到启发，在包装设计过程中更多地考虑“用户体验”的要素。

6

趣包装系统架构设计

6.1 趣包装系统总体架构开发

6.1.1 系统架构设计

趣包装系统架构设计见图6.1。

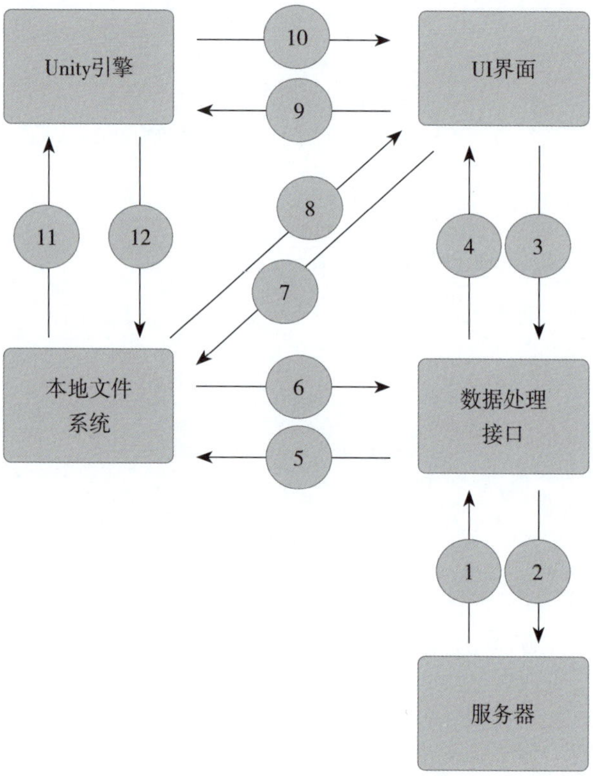

图6.1 趣包装系统架构设计

1—移动端请求数据；2—服务器向移动端提供数据或发送通知；3和4—UI界面从数据处理完成后进行展示或进行填充数据处理成相应格式；5和6—部分临时缓存数据的接收或释放；7和8—UI界面对本地数据处理显示和存储；9和10—对界面的控制使用Unity引擎以及引擎的数据回调；11和12—Unity引擎对本地文件应用的调用和生成。

6.1.2 应用模块设计

趣包装系统应用模块设计，见图6.2。

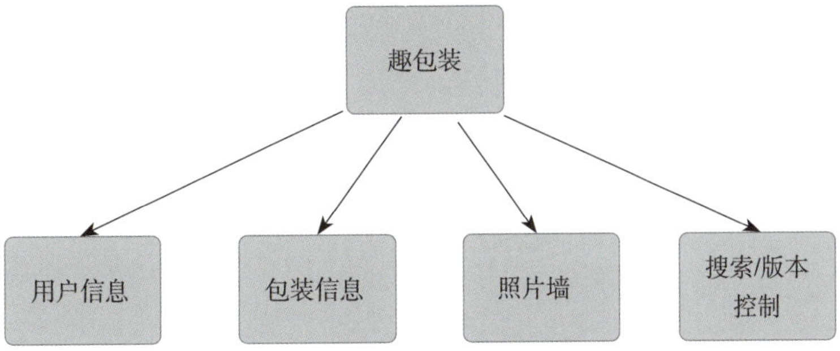

图6.2 趣包装系统应用模块设计

（1）用户信息 用户信息分为用户注册、用户登录、用户信息修改（包括头像、昵称等信息）和用户数据，见图6.3。

（2）包装信息 包装信息包含包装内容，打开包装后提示的使用方式，Unity的包装涂色功能（AR上色），相关相机的拍照录像前后摄像头和拍摄的控制，见图6.4。

（3）照片墙 照片墙模块包括共有照片墙，为可共同浏览的照片；本地相册为当前用户拍摄的照片和视频；本地相册提供上传和删除的功能，见图6.5。

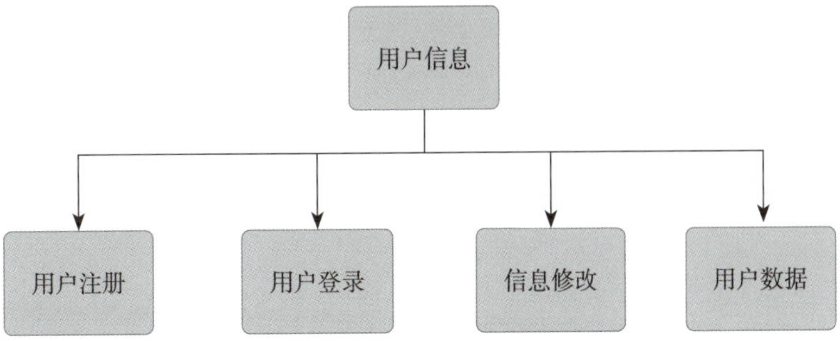

图6.3 趣包装系统用户信息模块设计

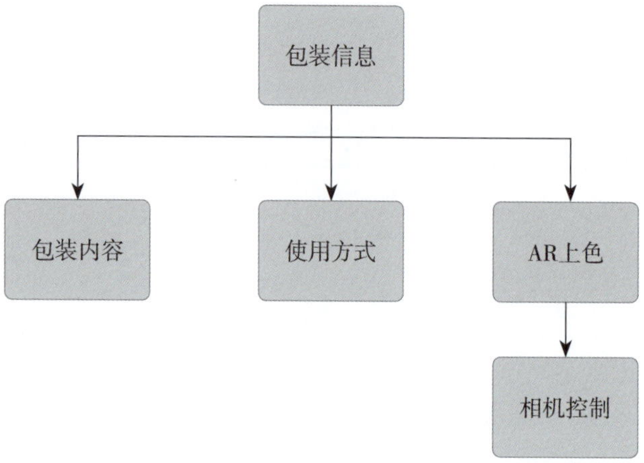

图6.4　趣包装系统包装信息模块设计

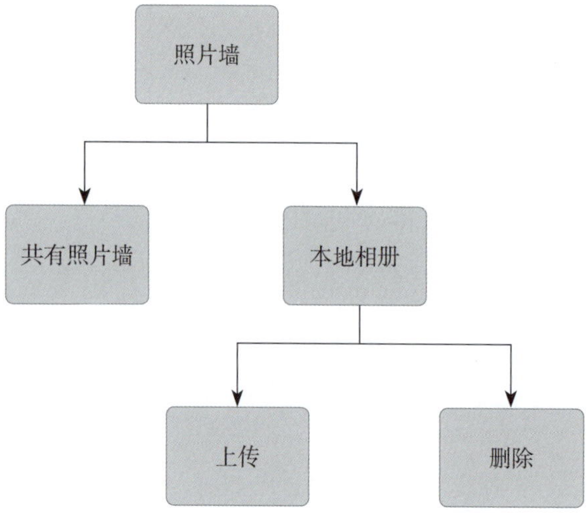

图6.5　趣包装系统照片墙模块设计

（4）版本控制　版本控制模块下有数据获取模块、（本地）版本对比，完成后可进行版本更新，见图6.6。

（5）搜索　搜索模块采用关键字搜索，搜索到的内容通过展示模块进行显示，见图6.7。

（6）应用角色　项目涉及的角色是用户，通用普通功能可不通过登录直接访问。部分需要用户登录信息的内容会有访问显示，需要登录，见图6.8。

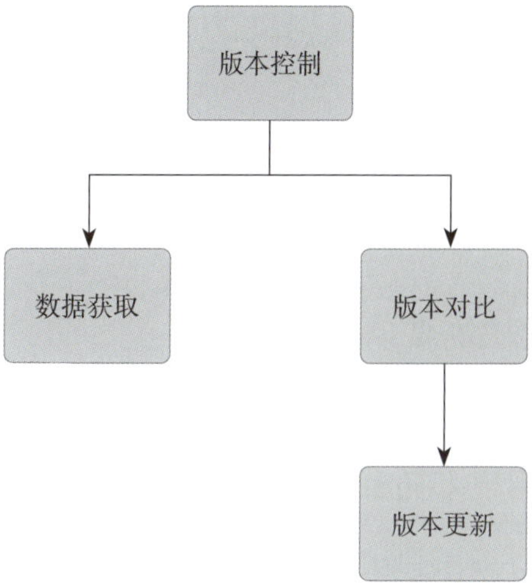

图6.6　趣包装系统版本控制模块设计

图6.7　趣包装系统搜索模块设计

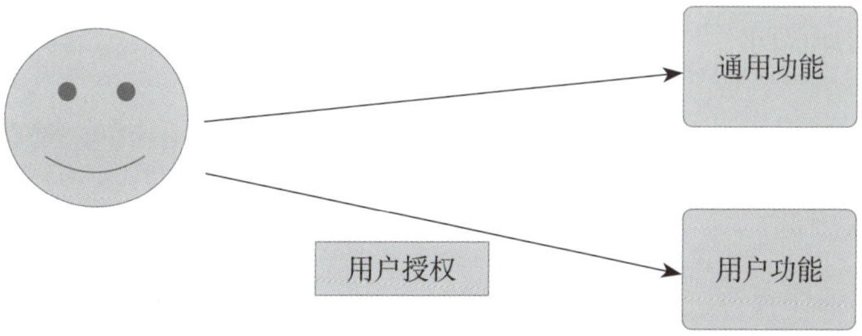

图6.8　趣包装系统应用角色

6.2 趣包装系统应用模块的功能

6.2.1 用户信息模块需要实现的功能

用户注册：应用用户未拥有账号的时候，可以通过注册功能为自身添加一个私有账户，点击注册按钮弹出注册界面，输入手机号码通过短信验证后，输入密码即可注册成功。

用户登录：用户在未登录且拥有账号的情况下，通过点击登录提示按钮，或到“我的”点击头像到登录页，输入手机号码和预设的密码即可登录成功。

信息修改：登录成功后就可以对当前账号信息进行修改，可以修改头像、昵称、性别和密码。

用户数据：用户登录成功后就可以获得当前用户的数据，可以对其进行管理。

6.2.2 包装信息模块需要实现的功能

包装内容：可展示10种包装信息，通过列表的形式展示出来。

使用方式：在点开所选包装信息后，会展示使用方式的图像，提示用户使用。

AR上色：取景框识别到可识别的指定包装，如果此时包装已上色，会把色彩同步映射到模型上，进行全方位展示。

相机控制：相机获取图形图像后，可以对图像进行拍照录像、摄像对焦、进行前后摄像头切换。

6.2.3 照片墙模块需要实现的功能

共有照片墙：展示应用用户共同拍摄的不同涂色的创意内容，点开可查看详情，进行评论，同时也可以对不良图像进行举报，对优秀的作品进行点赞。

本地相册：本地相册展示之前拍照的数据图像，通过日期的顺序进行排序，同时以日期作为头部。

6.2.4 版本控制模块与搜索模块需要实现的功能

数据获取：启动后后台开始获取数据，根据数据类型保存到本地或及时处理。

版本对比：获取当前应用的版本号，对比服务器端的最新版本号，如果本地版本号大于等于服务器中的版本号就不做操作；如果本地版本号小于服务器版本号，弹出弹框，提示当前有新的版本可以提供下载、是否更新。

版本更新：点击确认按钮后，通过进度条显示下载进度，完成后自动安装应用。

搜索：填写关键字后，取消按钮变成搜索按钮，点击搜索可获取数据。

6.3 趣包装系统内容设计

包装内容：展示10种包装信息，通过列表的形式展示出来。

使用方式：在点开所选包装信息后，会展示使用方式的图像，提示用户使用方式。

相机控制：相机获取图形图像后，可以对图像进行拍照录像、摄像对焦、进行前后摄像头切换。

AR上色：取景框识别到可识别的指定包装，如果此时包装已上色，会把色彩同步映射到模型上，进行全方位的展示。

6.4 趣包装系统设计原则

趣包装系统需对数据操作逻辑和UI界面进行解耦，代码可维护性强，界面交互性好，具体设计原则如下。

（1）先进性　在产品设计上，整个移动端软件的设计符合高新技术的潮流，在满足现期功能的前提下，程序设计具有前瞻性，采用当前最新的技术框架，在今后较长时间内保持一定的技术先进性。

（2）安全性　应用程序采用加密传输的方式，不存储用户密码，保证用户隐私。

（3）合理性　在应用程序设计时，充分考虑程序的兼容性和可维护性，方便程序修改或者增添新功能。程序对多种手机设备具有良好的兼容性，确保使用效果一致。在满足应用功能及性能要求的前提下，尽量降低应用建设成本，采用经济实用的技术和设备，利用现有设备和资源，综合考虑应用的建设、升级和维护费用。应用符合向上兼容性、向下兼容性、配套兼容性和前后版本转换等功能。

（4）实用性　应用应提供清晰、简洁、友好的中文人机交互界面，操作简便、灵活、易学易用，便于管理和维护。

（5）可维护性　应用设计应标准化、规范化，按照分层设计、软件构件化实现。

7

趣包装系统客户端详细设计

7.1 趣包装系统客户端应用总体设计

趣包装系统客户端应用总体设计，见图7.1。

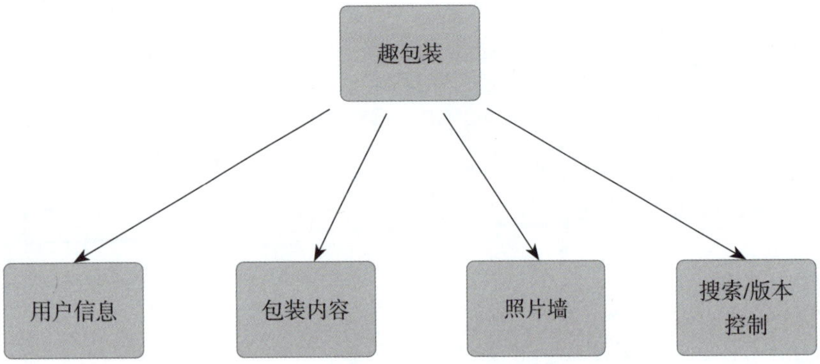

图7.1 趣包装系统客户端应用总体设计

7.2 趣包装系统客户端应用技术框架详细设计

为了趣包装系统更好地开发和拥有更好的可维护性，需要建立正确规范的开发方式，使用当前最新的开发框架，确保先进性，同时建立良好的代码策列，方便统一开发和管理。

（1）详细技术框架设计 整体技术实施，根据当前项目情况和开发内容，选用当前主流MVP（Model，View，Presenter）模式，Model提供数据，View负责显示，Presenter负责逻辑的处理。

（2）代码管理策略 根据项目的情况和人手的配置，采用集中式工作流。

统一Master分支管理，添加功能时通过建立本地Feature分支管理，最终版合并到Master中发布。

7.3 趣包装系统用户信息模块详细设计

趣包装系统用户信息模块是对应用当前用户的管理，用户可以在登录或未登录的情况下使用应用，同时用户可以对已登录的账号进行配置，修改头像、修改性别、修改昵称和修改密码。

用户信息流程逻辑见图7.2。

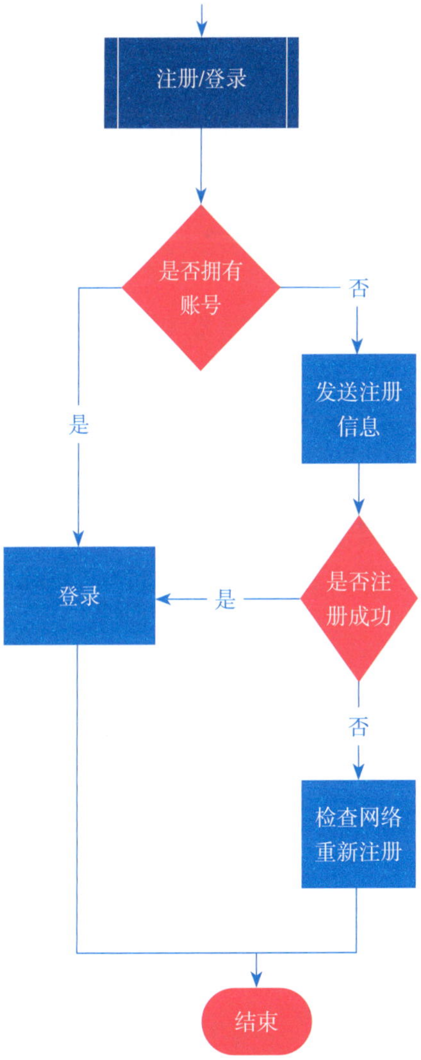

图7.2 趣包装系统用户信息流程逻辑

7.4 趣包装系统包装信息模块详细设计

趣包装系统包装信息模块展示所有的包装信息内容，作为包装的展示入口，进入后可展示卷烟包装的增强现实效果，同时提供上色功能，展示独一无二的自定义内容。

包装菜单：展示10款卷烟包装的条目，点击进入玩法介绍。

增强显示：进入相机取景框内，扫描上色好的包装即可呈现特殊效果，并且可拍照分享内容。

输入项：取景框内容、卷烟包装图像、包装上色。

输出项：增强显示效果、玩法介绍。

展示包装流程逻辑见图7.3。

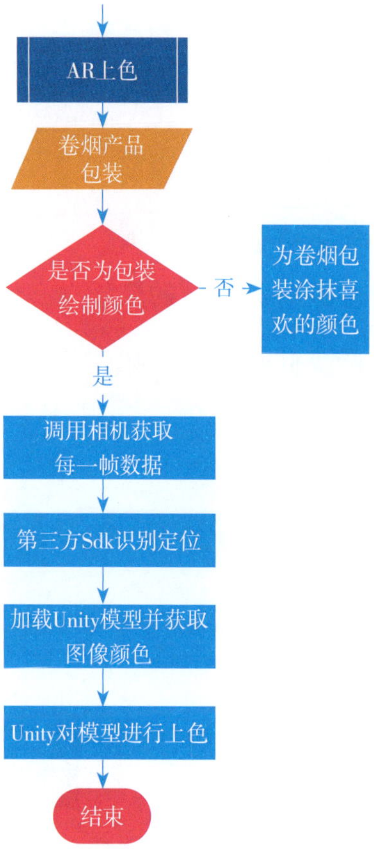

图7.3　趣包装系统展示包装流程逻辑

7.5　趣包装系统照片墙模块详细设计

展示用户拍摄内容，共同分享的空间。

功能：展示公共照片墙、个人相册，上传或删除本地相册。

输入项：所选照片或视频，相关描述内容。

输出项：照片墙的用户头像、照片或视频。提示上传成功与提示删除成功。

照片墙流程逻辑见图7.4。

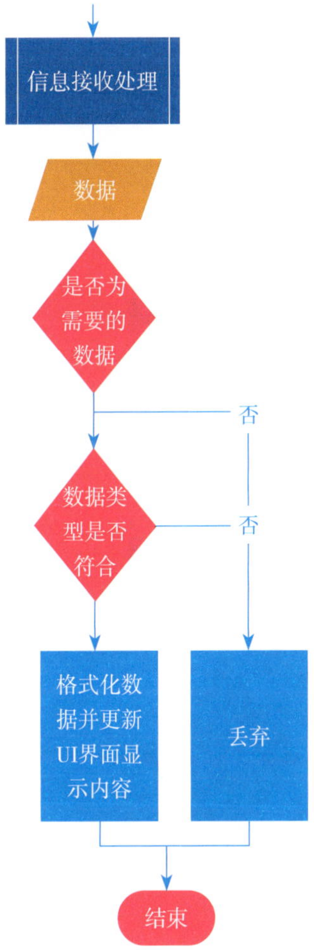

图7.4 趣包装系统照片墙流程逻辑

7.6 趣包装系统版本控制模块详细设计

控制应用的更新操作，确保用户的使用效果，体验最新的内容。

功能：检测更新内容，包括启用、是否要求强制更新、是否弹窗。

输入项：当前版本号，App的版本类型。

输出项：是否需要更新的提示，更新内容提示。

版本控制流程逻辑见图7.5。

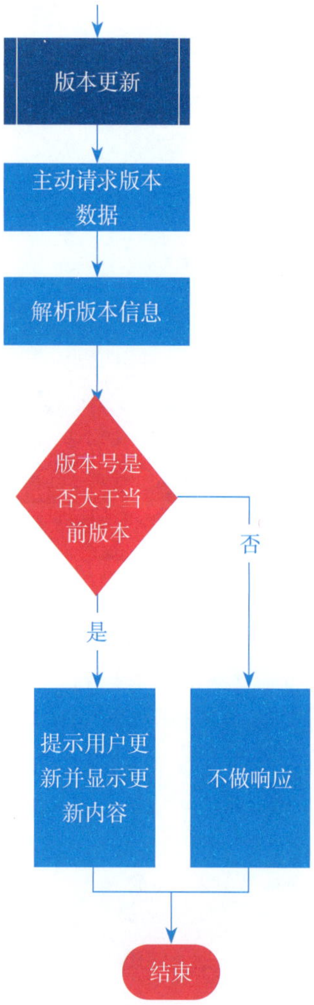

图7.5　趣包装系统版本控制流程逻辑

7.7 趣包装系统搜索模块详细设计

对当前内容的搜索，确保内容能够准确地被查找到。

搜索：关键字搜索。

输入项：文字内容。

输出项：可搜索到的数据内容转换为列表后显示。

搜索流程逻辑见图7.6。

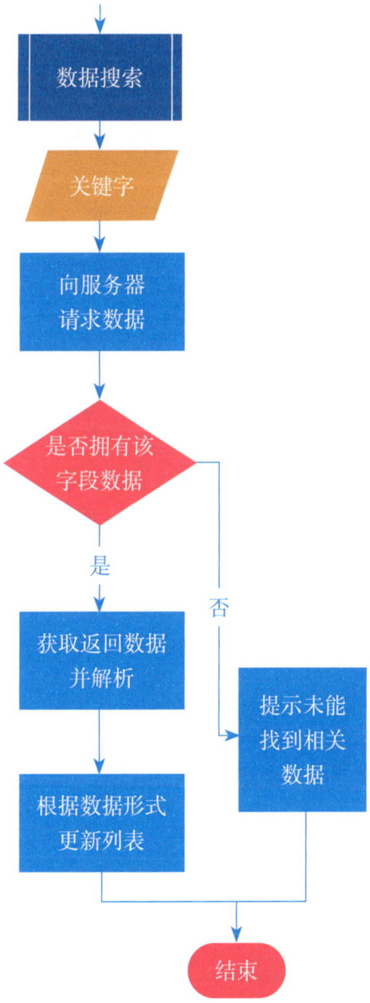

图7.6 趣包装系统搜索流程逻辑

7.8 趣包装系统测试详细设计

测试说明：在开发周期内，在开发的同时使用单元测试，对与服务共同交互的采用服务测试，最终完成后进行UI（用户界面）测试。

应用内各部分测试方式如下。

原生部分：采用原先代码的测试策略，Junit。

Unity部分：采用Unity的测试内容Unity、Test、Tools和Nunit。

Web view部分：采用框架本身推荐的框架。

原生和Unity组合部分：采用UI测试。

7.9 趣包装系统操作说明

7.9.1 系统结构

客户端面向用户的一端，主要向用户展示AR效果及相关信息，层次分为：数据层、业务层和表示层。

数据层采用Sqlite存储持久化数据，Sharepreference存储临时数据，File为文件系统，Retrofit/Okhttp 获取网络数据。

业务层以Mvvm或Mvp作为整体架构，Rxjava作为异步框架，Livedata作为生命周期同步，Unity3d 作为AR渲染引擎。

表示层是用Android原生界面绘制，Unity sharder作为着剂，Monobehavier

作为显示事件响应。

7.9.2 功能操作

7.9.2.1 启动

启动页如图7.7所示，展示趣包装的相关内容。

7.9.2.2 用户配置

注册：使用手机号码进行注册，需要同意趣包装的用户使用协议，发送验

图7.7 趣包装系统客户端启动页面

证码后，验证验证码并设置密码，即可注册，见图7.8。

7.9.2.3 登录

登录有使用手机号登录和第三方微信登录两种方式，见图7.9。

手机号登录：输入手机号码和密码即可。

微信登录：点击微信图标按钮并确定。

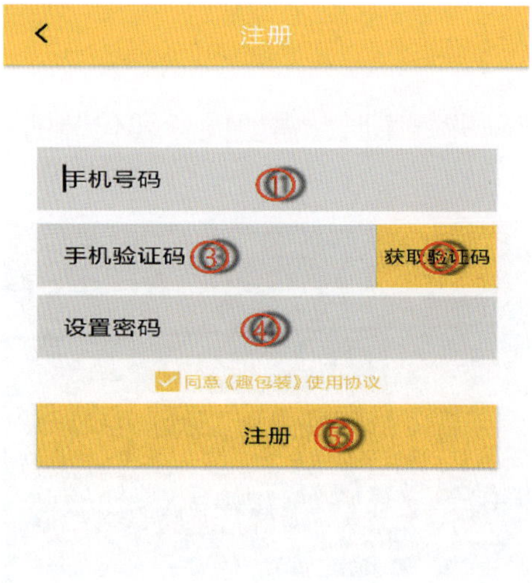

图7.8　趣包装系统客户端注册页面

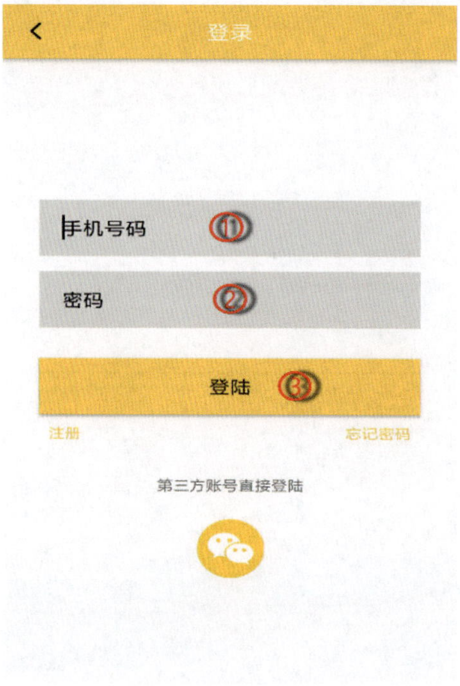

图7.9　趣包装系统客户端登录页面

7.9.2.4 修改密码

用户修改密码需要用户的手机号码，获取验证码后即可对当前账号进行密码重置，见图7.10。

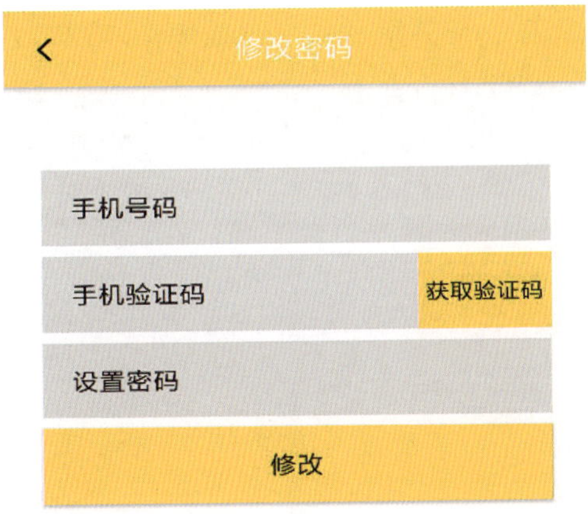

图7.10 趣包装系统客户端修改密码页面

7.9.2.5 用户信息

我的信息：显示当前登录用户的信息内容，如头像、昵称、性别和修改密码等内容，见图7.11。

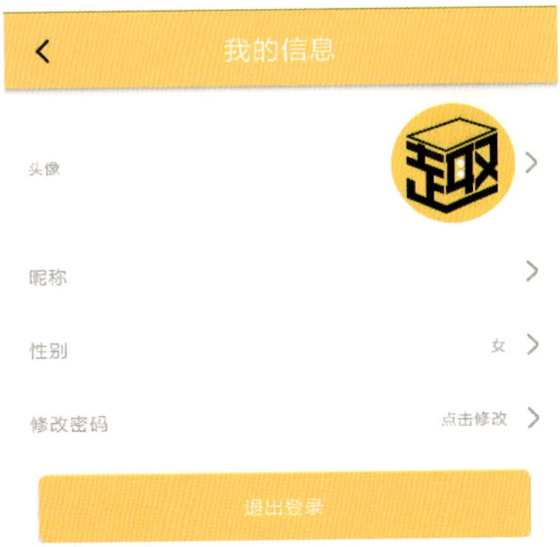

图7.11 趣包装系统客户端用户信息页面

修改头像：通过在手机相册中选择或者拍照选择头像信息，如不选择则显示默认的包装图标作为头像，点击头像后会弹出选择的对话框，根据自身选择替换相关用户信息，见图7.12。

图7.12　趣包装系统客户端修改头像页面

修改昵称：在已登录的状态下，选择修改昵称的按钮，可跳转到相关界面，可通过输入框直接输入需要修改的昵称，提交后即可修改成功，见图7.13。

图7.13　趣包装系统客户端修改昵称页面

修改性别：在已登录的状态下，选择修改性别的按钮，可跳转到相关界面，可选择三个选择框中的内容，提交后即可修改成功，见图7.14。

图7.14　趣包装系统客户端修改性别页面

修改密码：同用户登录时的修改密码相同，在用户处于使用手机号码登录的情况下会显示修改密码的按钮，点击修改密码就会跳转到该界面，填写手机号码、验证码和密码后就可以对当前密码进行重置，见图7.15。

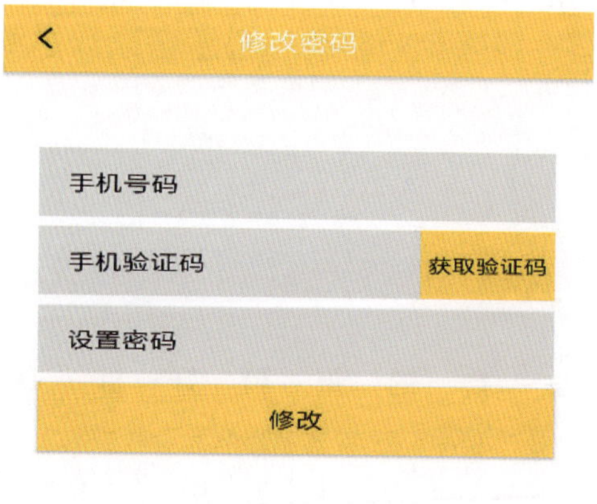

图7.15　趣包装系统客户端修改密码页面

包装信息：应用进入后默认显示包装信息，列表展示10款包装的分类，见图7.16。

图7.16　趣包装系统客户端包装页面

点击如图7.16所示中的一款就可进入相关玩法说明页面，见图7.17。

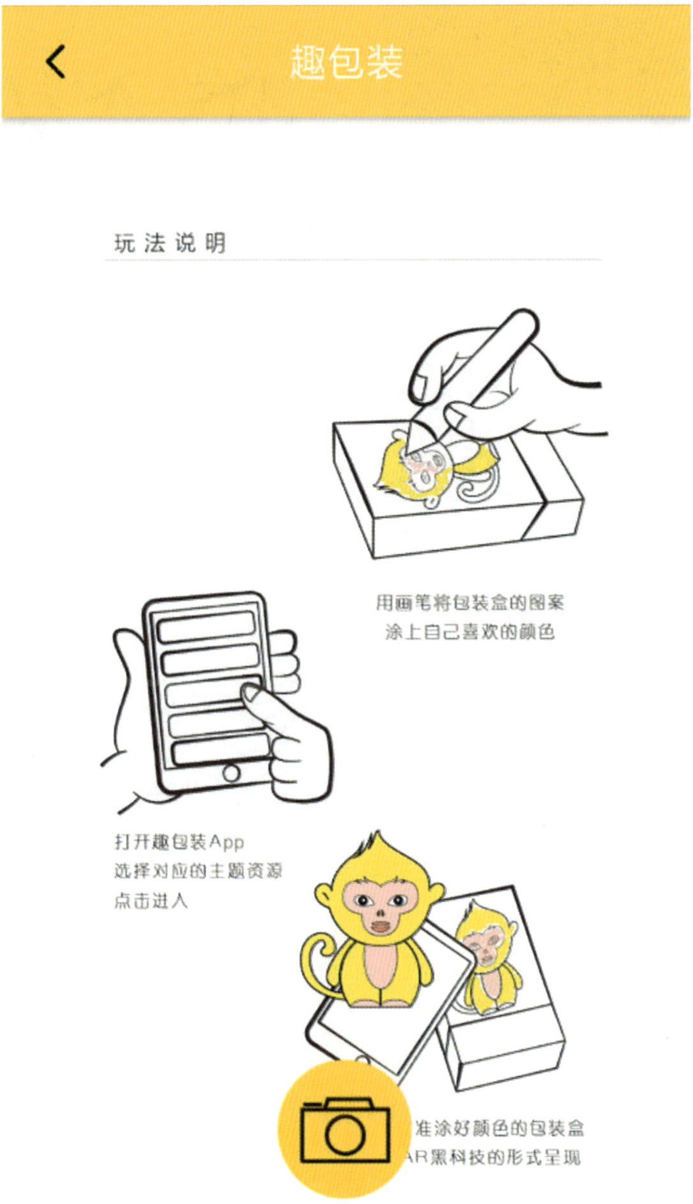

图7.17 玩法说明页面

随后根据提示进入AR上色页面，如图7.18所示，左边为录像功能，中间为拍照功能，右边为切换摄像头，中间的取景框用来获取AR展示内容和相关场景。

把需要增强的内容放在取景框内，即可呈现所要显示的内容，见图7.19。

图7.18　进入AR上色页面

图7.19　长按摄像进行上色

搜索信息：点击搜按钮就可跳转到搜索界面，可以通过关键字搜索，查找到所要查找的内容，见图7.20。

照片墙信息：可对指定的照片进行评论，提高软件的交互性，见图7.21。

图7.20 搜索页面

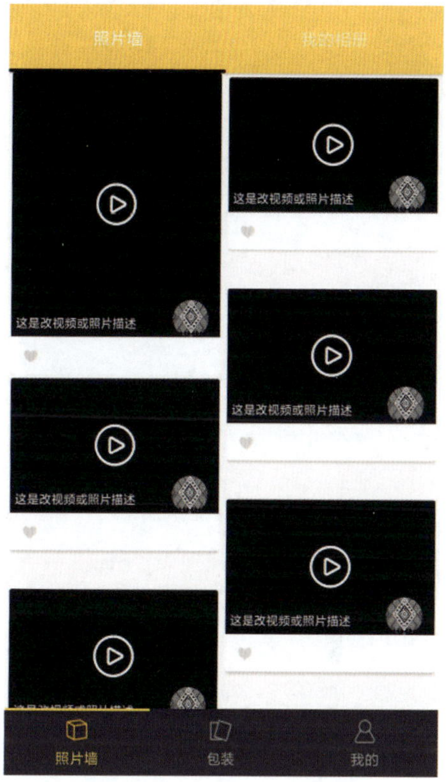

图7.21 照片墙页面

8

趣包装系统管理端系统设计

为融入AR的移动互联网+卷烟产品应用研究，确定了趣包装系统的系统结构、设计框架、数据组织，是该系统其他设计和开发的基础。文档的预期读者：系统分析人员、系统设计人员、程序员、将来对系统进行扩展和维护的人员。针对包装介质的特点进行增强现实技术开发和产品内容形式创意，在增强现实的内容创意中融入创新性、趣味性、传播性，形成一系列增强现实创意内容方案，在客户端能够实现交互体验。

8.1 趣包装系统总体设计

8.1.1 趣包装系统结构设计

趣包装系统管理端系统总体设计，见图8.1。

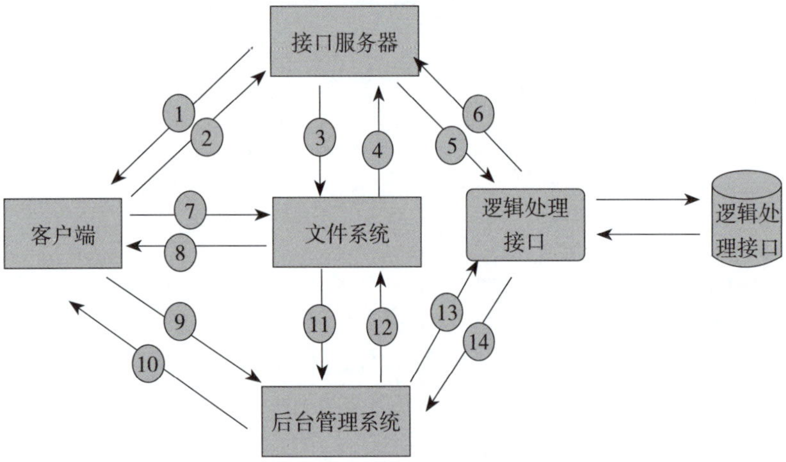

图8.1 趣包装系统管理端系统总体设计

1—后台服务器放回客户端请求数据；2—客户端向后台服务接口发起请求；3和12—客户端提交到接口服务器的文件，接口服务器将文件保存到文件系统；4和11—文件系统保存成功后，将请求链接地址返回接口服务器，接口服务器保存文件链接地址；5和13—保存相关信息数据；6和14—保存数据或读取数据；7—请求文件信息；8—返回文件信息；9—客户端向后台管理系统发起使用请求；10—后台管理系统向客户端反馈用户、权限、文件、数据等信息。

8.1.2　趣包装系统模块设计

用户管理设计，见图8.2。

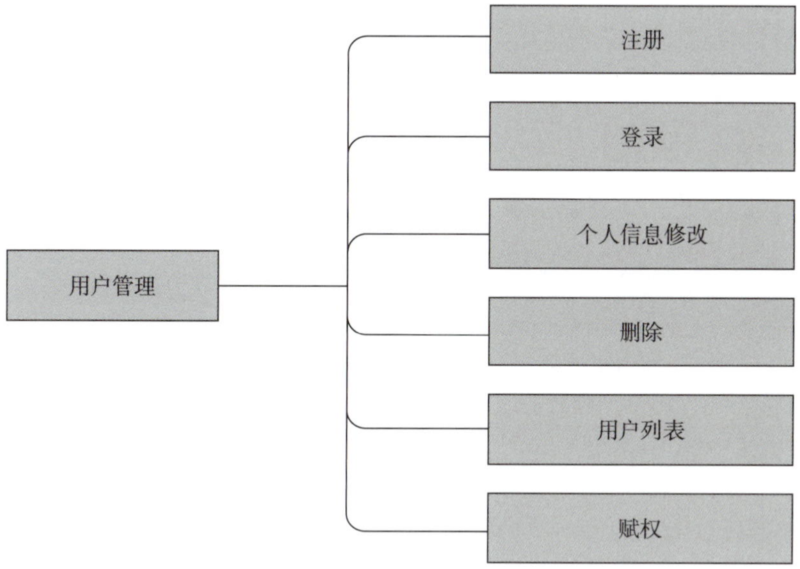

图8.2　趣包装系统用户管理设计

权限管理设计，见图8.3。

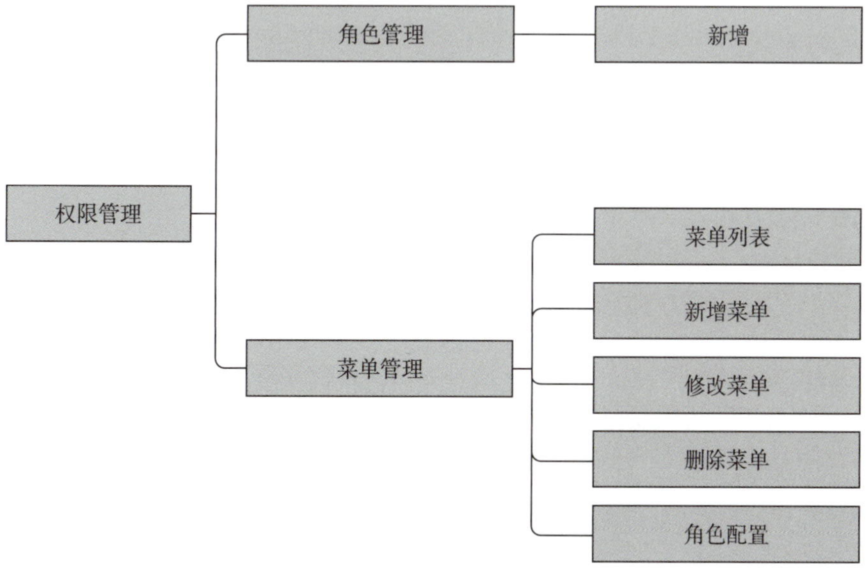

图8.3　趣包装系统权限管理设计

文件、AR数据管理，见图8.4。

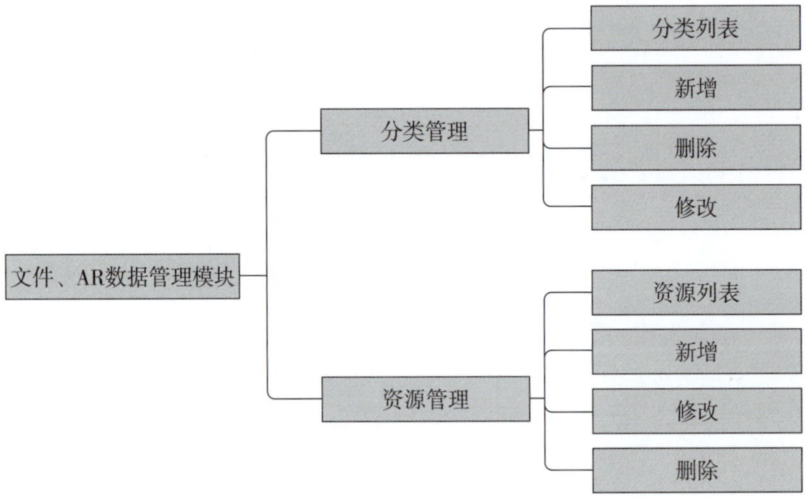

图8.4　趣包装系统文件、AR数据管理设计

版本控制设计，见图8.5。

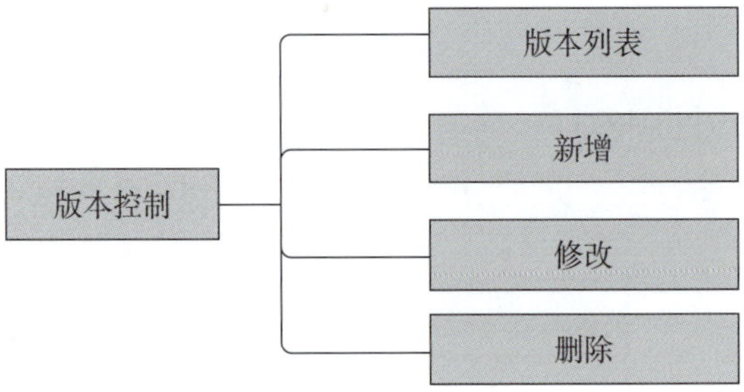

图8.5　趣包装系统版本控制设计

数据统计分析，见图8.6。

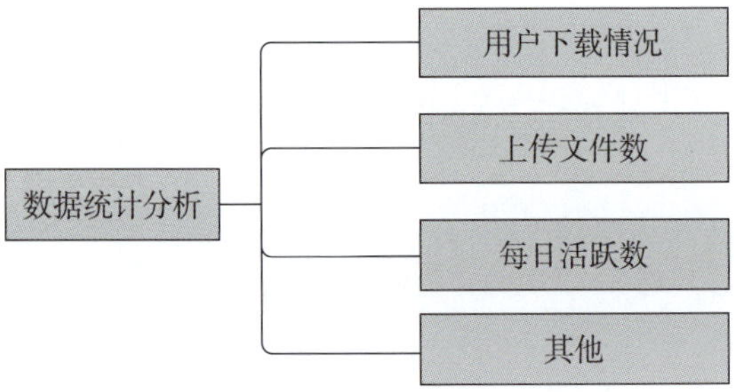

图8.6　趣包装系统数据统计分析设计

举报处理统计分析，见图8.7。

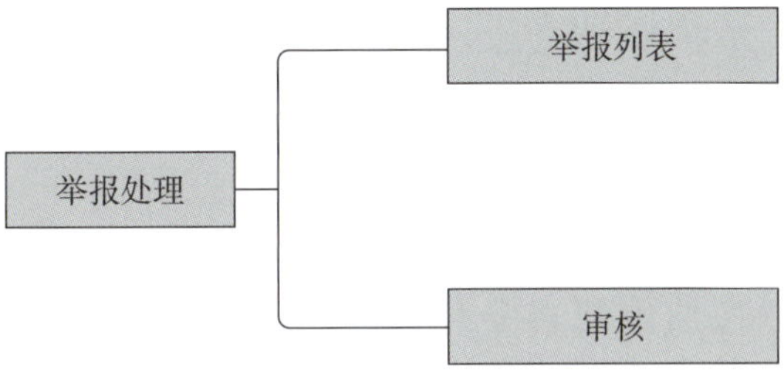

图8.7 趣包装系统举报处理设计

8.1.3 趣包装系统角色

趣包装系统涉及的角色由管理员自行配置，用户拥有与菜单相同的访问角色才能访问菜单列表，见图8.8。

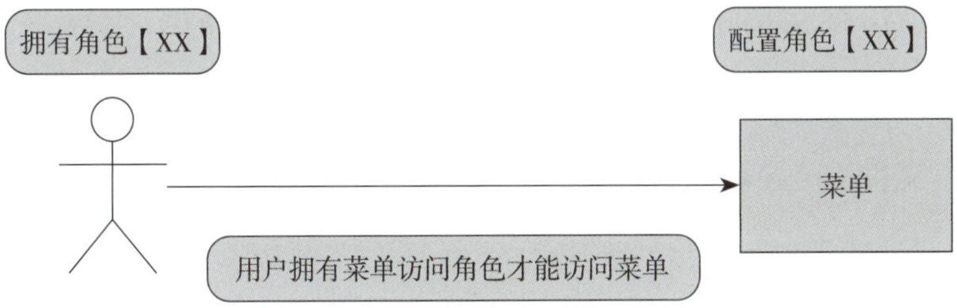

图8.8 趣包装系统角色设计

8.1.4 趣包装系统功能模块

8.1.4.1 用户管理需要实现的功能

新增用户：点击新增用户按钮后，弹出一个窗口，需要填写相应信息，给该用户分配相应权限，然后提交，返回用户管理列表页面可以看到刚才新增的用户的信息。

修改：点击修改按钮时，填写需要修改的用户信息，提交、保存，放回到用户管理列表。

角色分配：新增后，修改、使用的时候都可以配置用户的角色。

删除：点击删除按钮后会提示“确定要删除记录吗”，选择“确定”后该记录被删除，选择“取消”则终止该操作。

8.1.4.2　权限管理功能

新增角色：点击新增权限按钮后，弹出一个窗口，需要填写相应信息，保存权限，保存后可以在角色列表中看到角色信息。

8.1.4.3　菜单管理功能

新增用户：点击新增按钮后，弹出一个窗口，需要填写相应信息，给该菜单分配相应权限，然后提交，返回菜单列表页面可以看到刚才新增的菜单的信息。

修改：点击修改按钮时，填写需要修改的菜单信息，提交、保存，放回到菜单管理列表。

角色分配：新增后修改、使用的时候都可以配置菜单用户访问的角色。

删除：点击删除按钮后会提示“确定要删除记录吗”，选择“确定”后该记录被删除，选择“取消”则终止该操作。

8.1.4.4　文件、AR数据管理模块

新增：点击新增按钮后，弹出一个窗口，需要填写相应信息，上传分类文件信息，然后提交，返回分类列表页面可以看到刚才新增的分类的信息。

修改：点击修改按钮时，填写需要修改的分类信息，提交、保存，放回到分类管理列表。

删除：点击删除按钮后会提示“确定要删除记录吗”，选择“确定”后该记录被删除，选择“取消”则终止该操作。

8.1.4.5　资源管理

新增：点击新增按钮后，弹出一个窗口，需要填写相应信息，上传资源文件信息，然后提交，返回资源列表页面可以看到刚才新增的资源的信息。

修改：点击修改按钮时，填写需要修改的资源信息，提交、保存，放回到

资源管理列表。

删除：点击删除按钮后会提示“确定要删除记录吗”，选择“确定”后该记录被删除，选择“取消”则终止该操作。

8.2 趣包装系统的系统设计原则

8.2.1 系统设计原则

优化板块及后台数据维护方式、界面更加友好、功能可配置性更加灵活。

8.2.2 先进性

在产品设计上，整个系统软硬件设备的设计符合高新技术的潮流，媒体数字化、压缩、解压、传输等关键设备均处于国际领先的技术水平。在满足现期功能的前提下，系统设计具有前瞻性，在今后较长时间内保持一定的技术先进性。

8.2.3 三层架构

趣包装系统设计成三层架构（3-Tier application），将整个业务应用划分为表现层（UI）、业务逻辑层（BLL）、数据访问层（DAL）。区分层次的目的是为达到“高内聚，低耦合”。

表现层（UI）：通俗地讲就是展现给用户的界面，即用户在使用一个系统时的所见所得。

业务逻辑层（BLL）：针对具体问题的操作，也可以说是对数据层的操作，对数据业务进行逻辑处理。

数据访问层（DAL）：该层所做事务为直接操作数据库，包括数据的增添、删除、修改、查找等。

8.3 趣包装系统详细设计

管理端页面，见图8.9和图8.10。

图8.9 趣包装系统管理端页面

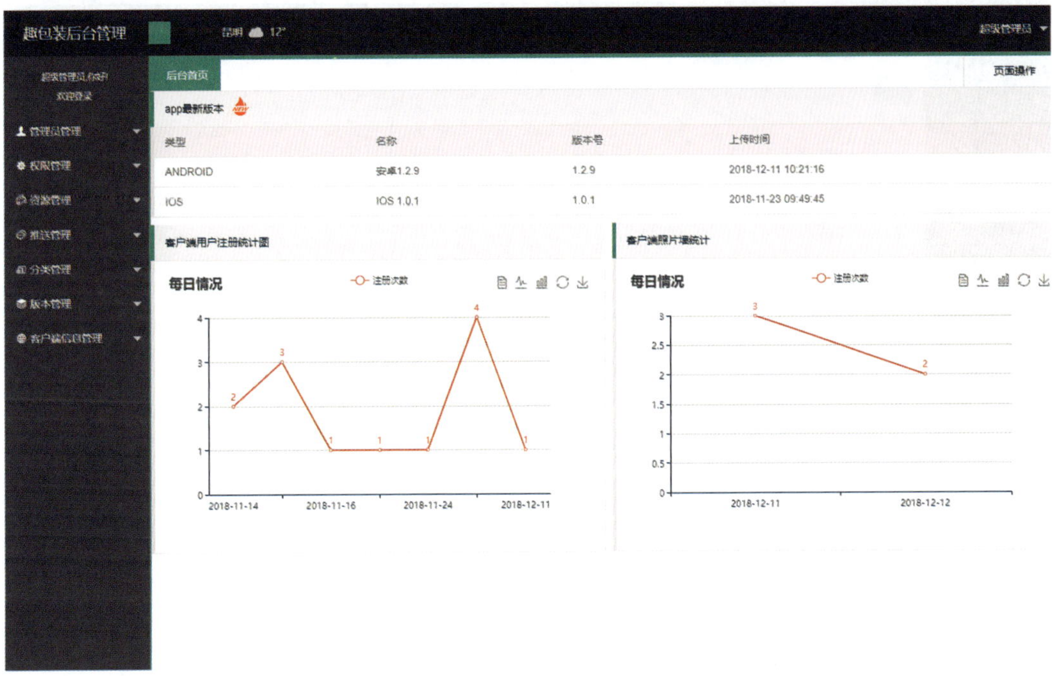

图8.10 管理端首页

用户管理页面，见图8.11。

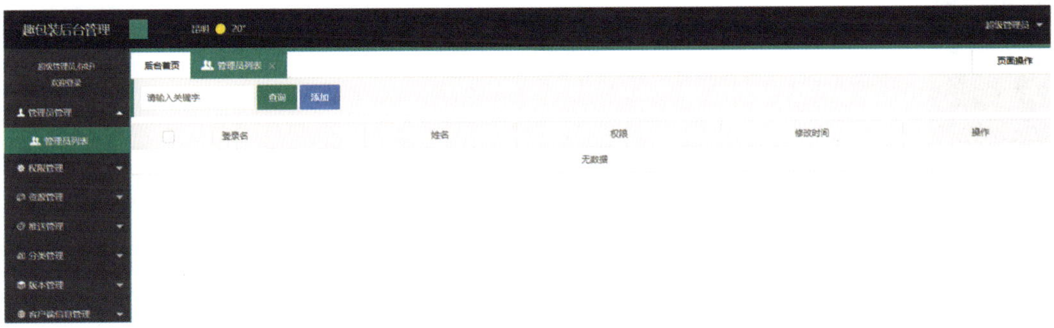

图8.11 用户管理页面

菜单管理页面，见图8.12。

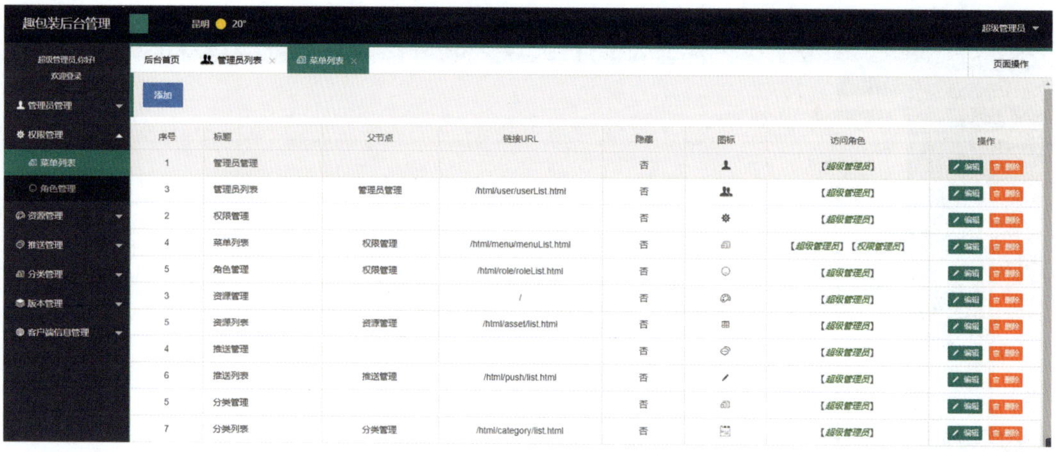

图8.12　菜单管理页面

角色管理页面，见图8.13。

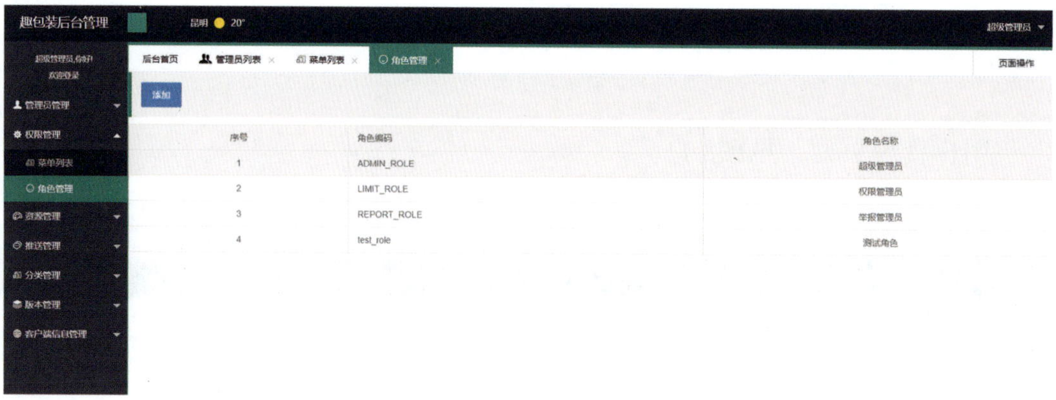

图8.13　角色管理页面

分类管理页面，见图8.14。

图8.14　分类管理页面

版本管理页面，见图8.15。

图8.15　版本管理页面

举报管理页面，见图8.16。

图8.16　举报管理页面

统计分析页面，见图8.17。

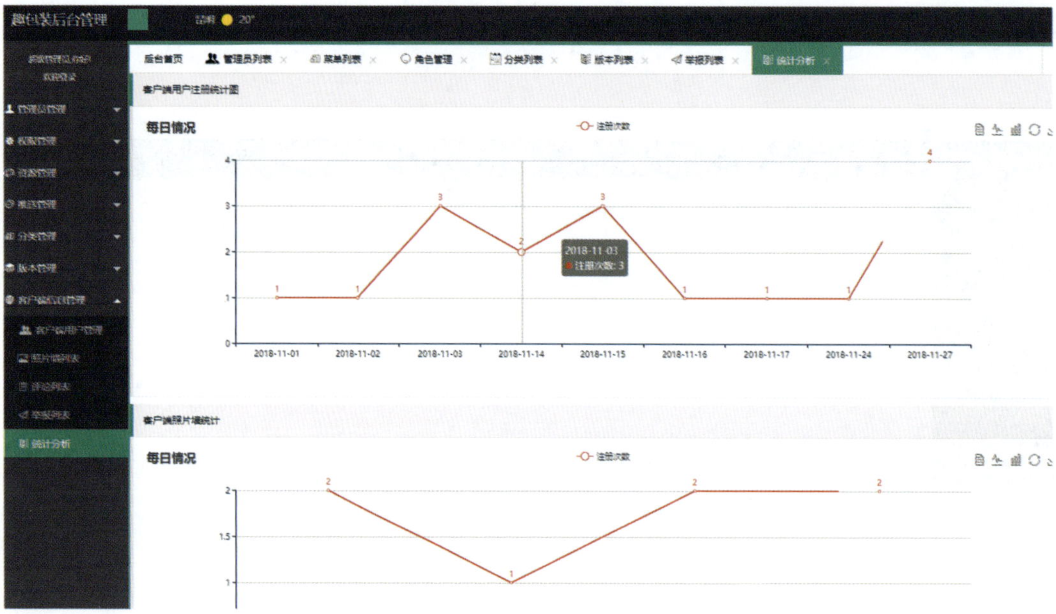

图8.17　统计分析页面

8.4　趣包装系统用户管理详细设计

8.4.1　描述

用户管理模块是对系统所有用户进行管理，如图8.18所示，包括为用户分配登录名及初始密码、权限分配、不同类型的用户分配不用的角色，角色以功能类型进行划分，不同角色对应不同的功能，只有拥有了该功能角色的用户，才可以访问该功能。一个用户可以拥有多个角色。

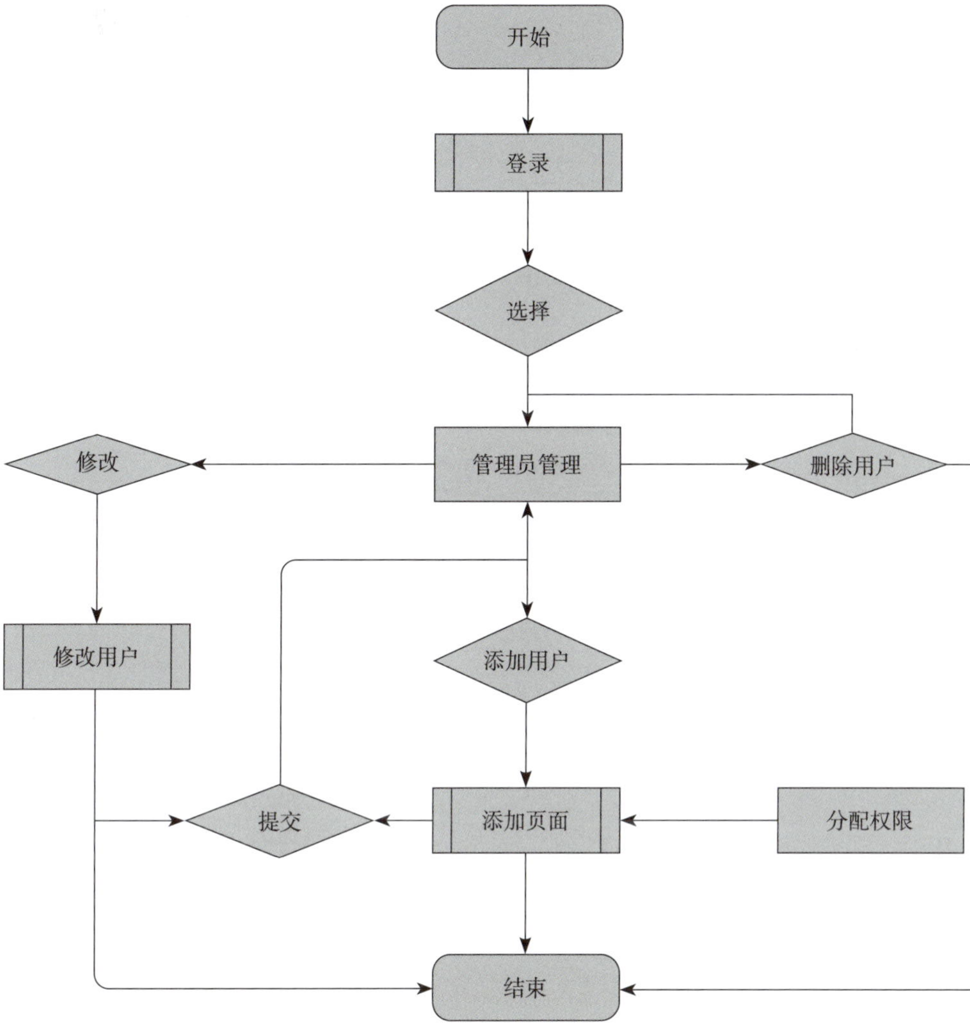

图8.18　趣包装系统用户管理流程

8.4.2　功能

用户管理需要实现功能如下。

添加用户：登录名、姓名、密码、邮箱及分配的权限。

删除用户：删除。

修改用户：修改相关信息。

用户查询：根据姓名查找用户信息。

8.4.3 输入项

登录后台：输入登录名、密码、验证码、备注、登录时间、登录IP。

添加管理员：登录名、用户名、密码、邮箱、权限。

8.4.4 输出项

登录后台：登录成功后，显示首页。

添加管理员：用户列表、登录名、用户名、锁定状态、备注、注册时间、功能操作。

8.4.5 流程逻辑

用户管理流程逻辑见图8.18。

8.5 趣包装系统权限管理设计

8.5.1 描述

管理菜单列表：菜单列表可以配置，扩展性好。

菜单配置权限：用户菜单权限相同才能访问新增角色。

8.5.2　功能

菜单管理：点击“菜单列表”，展示菜单列表信息，可以修改、新增、删除。

角色管理：点击“角色管理”按钮，角色列表可以新增角色，不能修改或删除角色。在新增或修改用户、新增或修改菜单中可查到新增的角色。

8.5.3　输入项

新增菜单：菜单名称、链接地址、隐藏、父菜单、排序顺序、图标、权限。

新增角色：角色名称、角色编码。

8.5.4　输出项

菜单列表：菜单信息。

角色列表：角色信息。

8.5.5　流程逻辑

权限管理流程见图8.19和图8.20。

图8.19　趣包装系统权限管理流程一

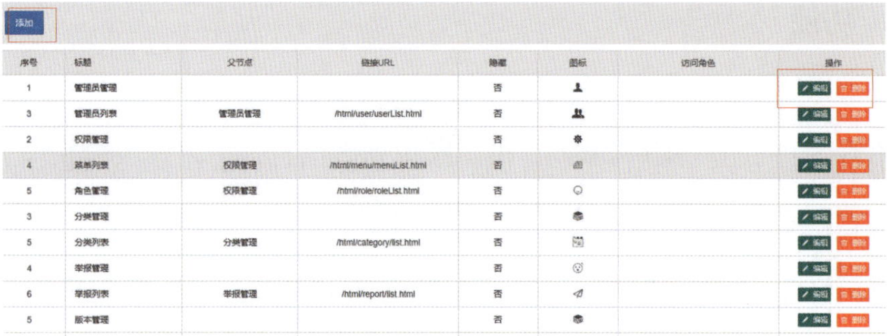

添加

序号	标题	父节点	链接URL	隐藏	图标	访问角色	操作
1	管理员管理			否			编辑 删除
3	管理员列表	管理员管理	/html/user/userList.html	否			编辑 删除
2	权限管理			否			编辑 删除
4	菜单列表	权限管理	/html/menu/menuList.html	否			编辑 删除
5	角色管理	权限管理	/html/role/roleList.html	否			编辑 删除
3	分类管理			否			编辑 删除
5	分类列表	分类管理	/html/category/list.html	否			编辑 删除
4	举报管理			否			编辑 删除
6	举报列表	举报管理	/html/report/list.html	否			编辑 删除
5	版本管理			否			编辑 删除

图8.20　趣包装系统权限管理流程二

8.6　趣包装系统分类管理设计

描述：客户端展示的分类列表、新增分类相关信息、上传分类文件信息、修改分类信息、删除分类信息、定义分类的详情地址。

功能：新增分类信息、管理分类、多级分类信息。

输入项：分类名称、上传图片、父分类信息、展示排序、描述、详情地址。

输出项：分类列表、新增的分类信息。

流程逻辑：拥有分类管理权限的用户登录，可新增、修改、删除分类信息。前端可以获取分类信息并展示给用户，见图8.21。

图8.21　趣包装系统分类管理页面流程

8.7 趣包装系统版本管理设计

描述：控制客户端的版本，包括IOS和安卓安装包，如有更新，提示客户安装更新。

功能：新增、修改、删除版本信息，包括启用、是否要求强制更新、是否弹窗。

输入项：包括名称、版本类型、强制根系状态、是否弹窗、启用状态、Asset版本ID、版本号、描述、版本文件上传。

输出项：包括版本列表、新增的版本信息。

流程逻辑：版本管理流程见图8.22和图8.23。

图8.22 趣包装系统版本管理流程一

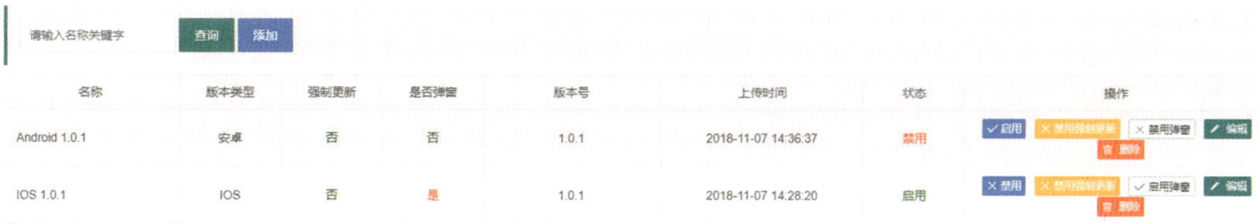

图8.23 趣包装系统版本管理流程二

8.8 趣包装系统推送管理设计

描述：后台管理员可以通过自定义推送信息，推送到已经注册到趣包装系统的手机，比如App版本更新、活动等信息。

功能：新增推送、重新推送。

输入项：推送主题、推送内容、推送描述。

输出项：推送列表，可以选择重新推送。

8.9 趣包装系统客户端信息管理设计

8.9.1 客户端用户管理操作步骤

点击“客户端信息管理”与“客户端用户管理”，进入客户端用户管理页面，如图8.24所示，如果用户上传了什么违法或是对系统不利的信息，管理员可以禁用用户，用户将不能登录系统，启用后才能登录。

8.9.2 照片墙列表操作步骤

点击“客户端信息管理”与“照片墙列表”，进入照片墙管理页面如图8.25所示，客户端用户上传的照片或视频如果有什么违法或是对系统有害的信息，管理员可以禁用或直接删除其照片墙信息。客户端用户可以修改被禁用的信息，被删除的照片墙将不再显示。

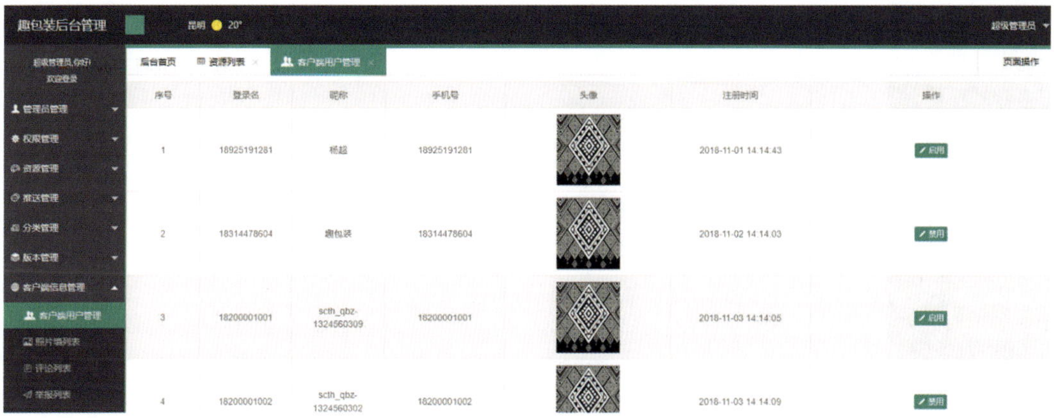

图8.24 趣包装系统客户端用户管理页面

图8.25 照片墙管理页面

8.9.3 评论列表操作步骤

点击“客户端信息管理”与“评论列表”，进入评论列表管理页面，管理员可以将不利于系统发展的评论禁用，如图8.26所示。

图8.26　评论列表管理页面

8.9.4　举报列表操作步骤

点击“客户端信息管理”与“举报列表”，进入举报列表页面，如图8.27所示。

管理员可以根据举报的内容和被举报的信息进行审核，点击审核，进入举报审核管理页面，如图8.28所示。填写审核反馈信息，提交后返回举报列表，可以看到审核内容，审核后将不能再修改。

图8.27　举报列表页面

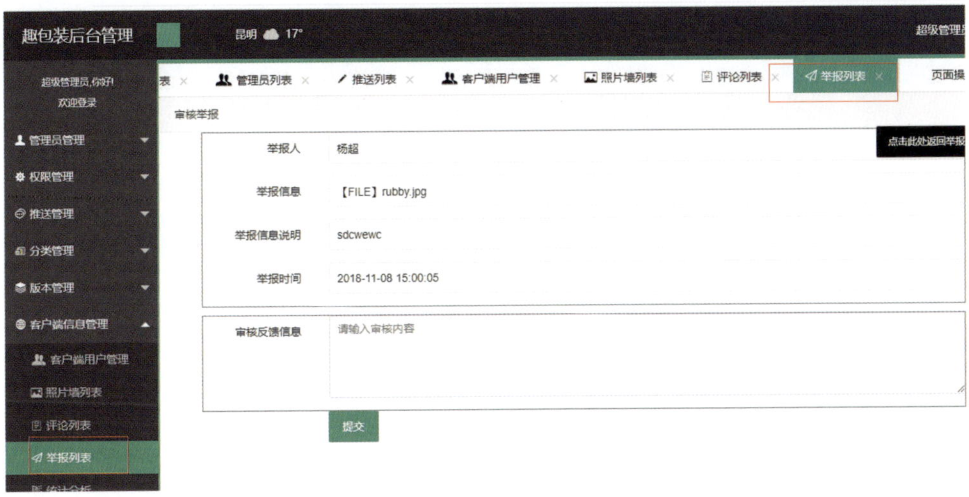

图8.28　举报审核管理页面

8.9.5　统计分析

统计分析页面主要统计客户的注册数、照片墙上传数、后续可以扩展信息，如图8.29所示。

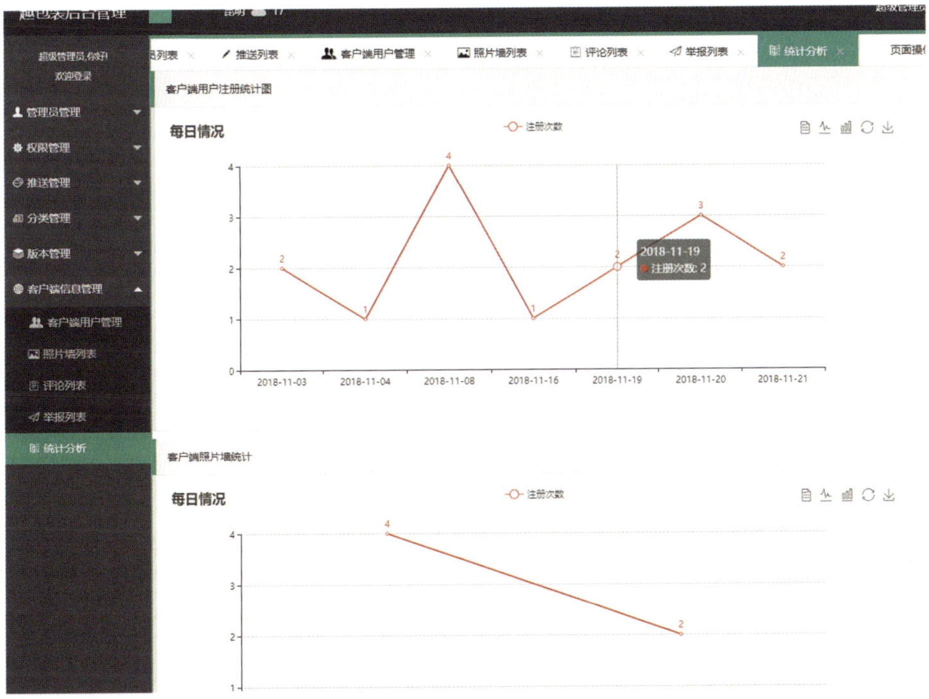

图8.29　统计分析页面

8.10 趣包装系统管理端操作说明

8.10.1 编写目的

趣包装系统管理端操作说明描述了趣包装后台系统用户的各种功能和操作方法，并引导用户使用趣包装后台完成资源上传、管理客户端用户相关信息、并审核客户端举报信息等的管理工作。

8.10.2 系统操作介绍

8.10.2.1 系统结构

整个项目主要分为前端接口和后台管理两大块。前端接口提供了App获取相关资源的入口；后台管理系统主要负责管理资源信息、上传相关数据、管理客户端相关安全信息、数据报表分析等。

①整体功能结构，如图8.30所示。

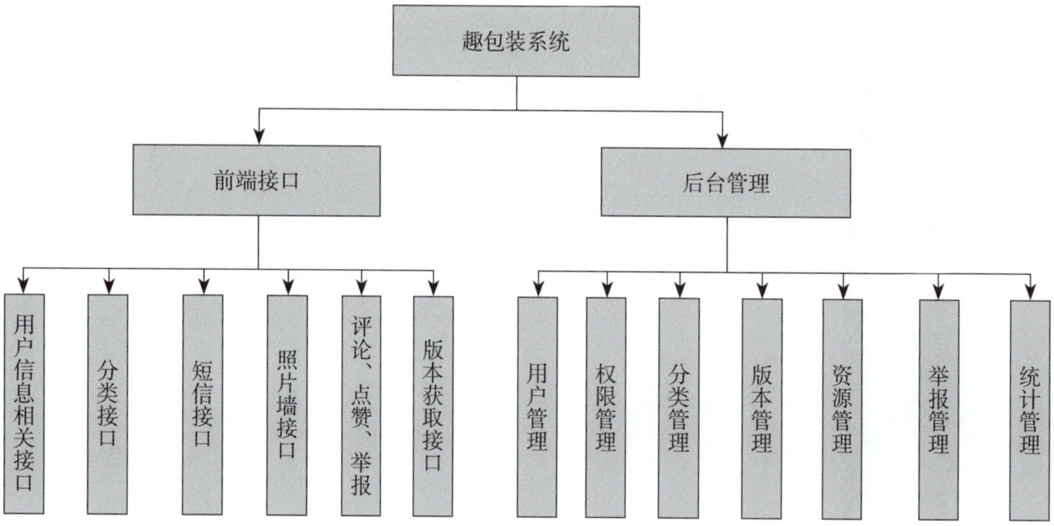

图8.30 趣包装系统操作系统结构图

②主要技术说明。

主要技术：Java。

主要框架：Spring boot、Security、Spring boot jpa、JWT、Swagger。

缓存：Redis。

数据库：Mysql。

启动服务：Tomcat。

8.10.2.2 操作用登录

系统环境：Chrome浏览器、火狐浏览器、IE浏览器（IE10以上的版本）。

登录页面如图8.31所示（背景图可更换）。

登录后，主页面布局：头部为系统基本信息和管理员信息，左边为功能菜单导航栏，中间为信息处理逻辑块，开始为App最新版本信息、客户端用户注册统计表和客户端照片墙上传统计表，如图8.32所示。

管理基本信息修改：点击右上角用户名，修改用户信息和用户密码，修改

图8.31 趣包装系统管理端登录页面

密码页面如图8.33所示。

修改用户信息的页面如图8.34所示。

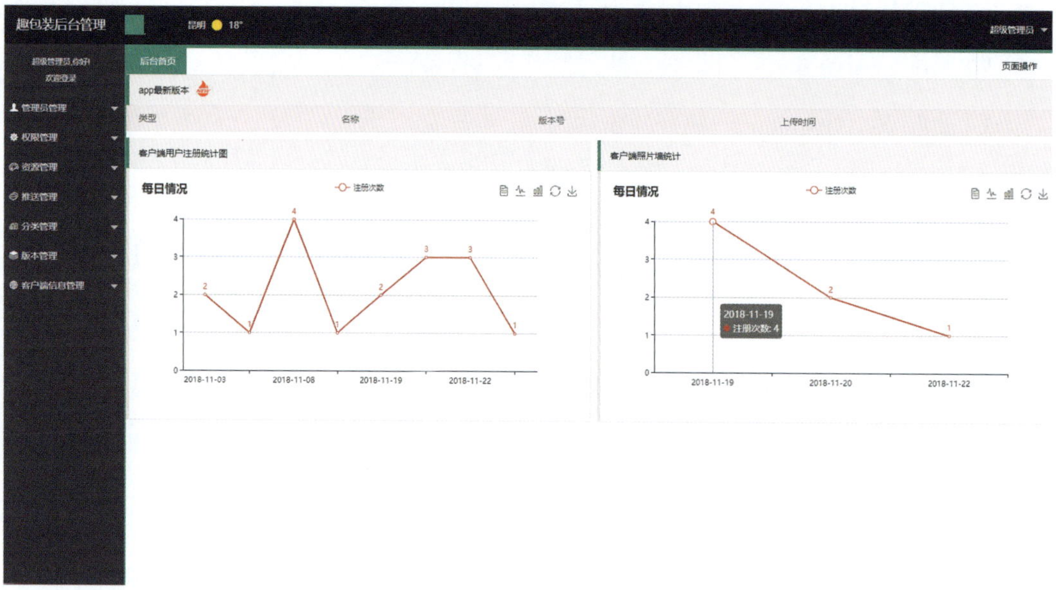

图8.32　趣包装系统管理端首页

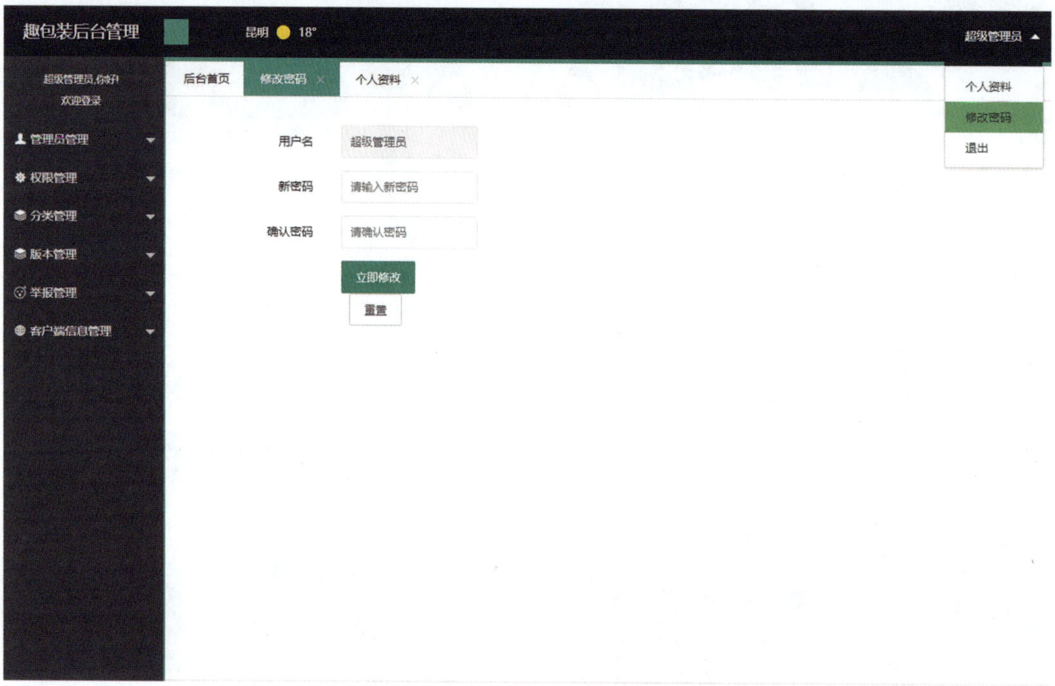

图8.33　趣包装系统管理端修改密码页面

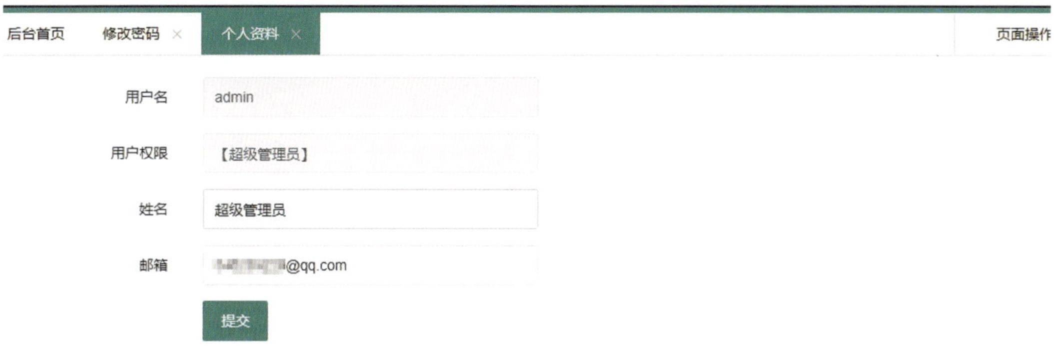

图8.34 趣包装系统管理端用户信息修改页面

8.10.2.3 管理员管理

趣包装系统管理端新增管理员页面如图8.35所示，可新增管理员、删除管理员、修改管理员、分配权限。

新增管理员操作步骤：点击“管理员管理”→管理员列表→点击“添加”按钮。

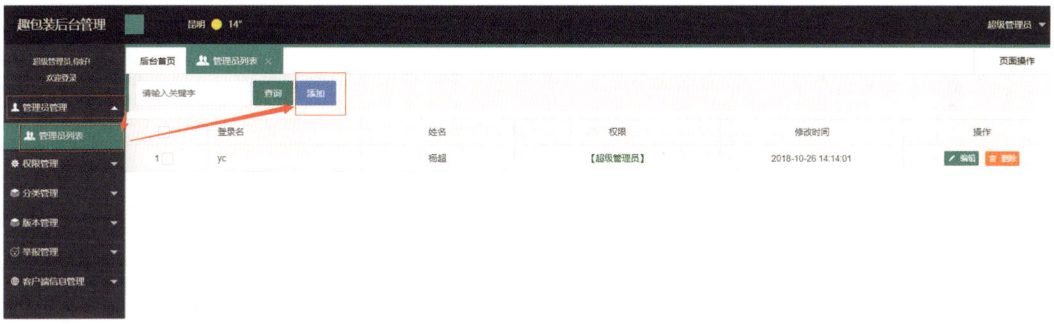

图8.35 趣包装系统管理端新增管理员页面

录入用户信息，分配用户权限，页面如图8.36所示。

用户新增成功，新增列表会有用户信息，页面如图8.37所示。

操作步骤：在管理员列表，选择一条数据进行编辑，页面如图8.38所示。

修改提交，管理员列表页面如图8.39所示。

删除用户操作步骤：点击删除、确认删除，用户将被删除，页面如图8.40所示。

图8.36 趣包装系统管理端管理员列表页面

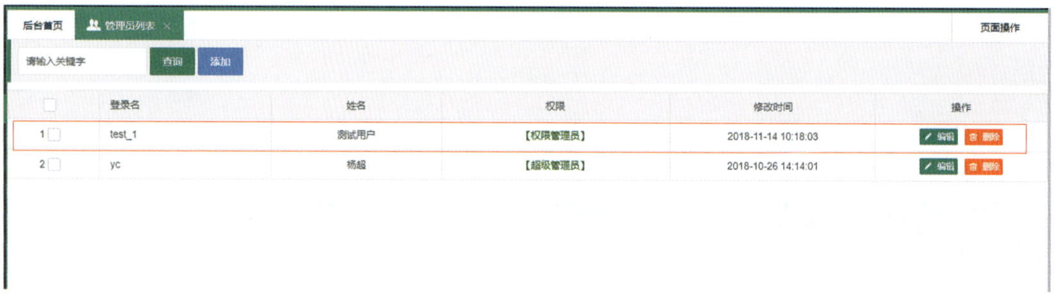

图8.37 趣包装系统管理端新增用户列表页面

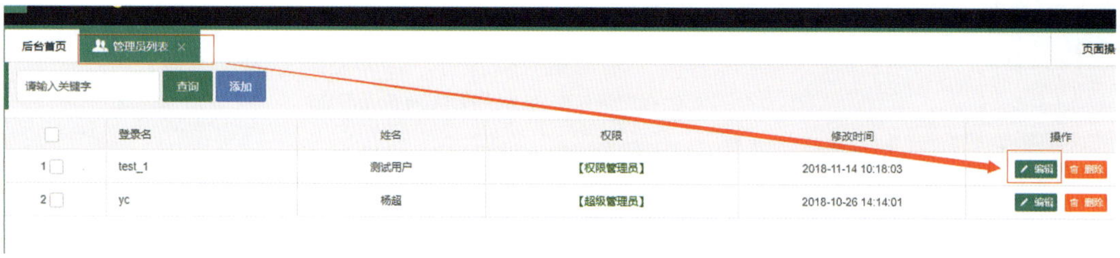

图8.38 趣包装系统管理端用户列表编辑页面

图8.39　趣包装系统新增管理员页面

图8.40　趣包装系统删除用户页面

8.10.2.4　权限管理

权限管理包括菜单列表和角色管理，菜单为首页左边菜单列表，菜单列表主要由技术人员维护，角色表示用户或菜单拥有的权限。用户和菜单角色相同，用户即可访问菜单。

①菜单列表。

新增菜单：管理员填写菜单信息，并分配角色。

新增菜单操作步骤：点击“权限管理”→“菜单列表”→“添加”按钮，进入菜单信息填写页面，如图8.41所示。

图8.41　趣包装系统权限管理页面一

录入菜单信息，分配权限，点击“提交”按钮，页面如图8.42所示。菜单增加成功，新增菜单出现在用户列表，页面如图8.43所示。

图8.42　趣包装系统权限管理页面二

图8.43　趣包装系统权限管理页面三

如果菜单分配的权限为当前用户拥有的权限，刷新整个页面，左边菜单栏将展示新增的菜单项，页面如图8.44所示。

修改菜单操作步骤：点击“菜单列表”进入菜单列表页面，点击需要修改的菜单项，页面如图8.45所示。

选择要修改的用户，点击“修改”按钮，进入修改用户信息页面，如图8.46所示。

提交后，菜单列表中的信息已被修改，页面如图8.47所示。

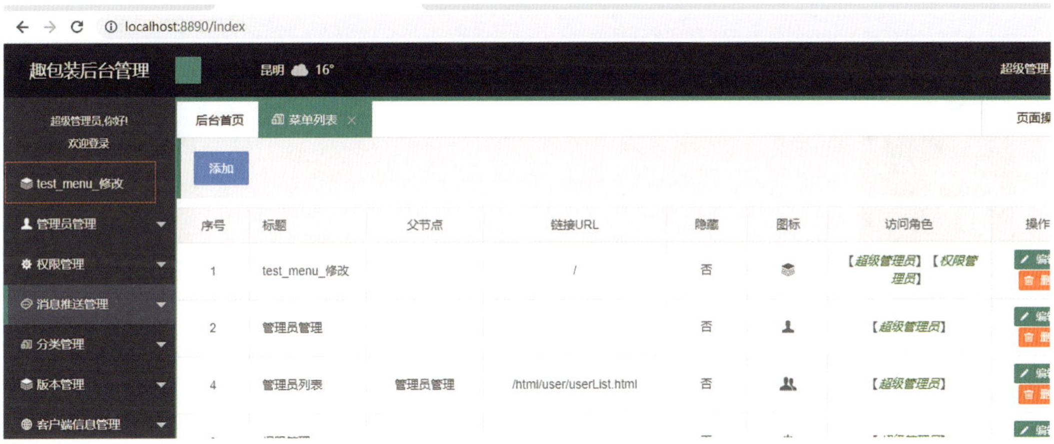

图8.44　趣包装系统权限管理页面四

图8.45　趣包装系统权限管理页面五

图8.46　趣包装系统权限管理页面六

图8.47　趣包装系统权限管理页面七

删除菜单操作步骤：点击“菜单列表”进入菜单列表页面，点击需要删除的菜单条目，页面如图8.48所示。

图8.48　趣包装系统权限管理页面八

确认删除，菜单列表中的信息将被删除，刷新后，右边菜单条目也将被删除，页面如图8.49所示。

图8.49　趣包装系统权限管理页面九

②角色管理。

角色只能新增不能删除或修改，以避免修改后不能及时更新当前用户拥有的权限信息，如果需要，只能联系开发人员进行修改。

操作步骤：点击“角色管理”新增角色，进入角色信息填写页面，如图8.50所示。

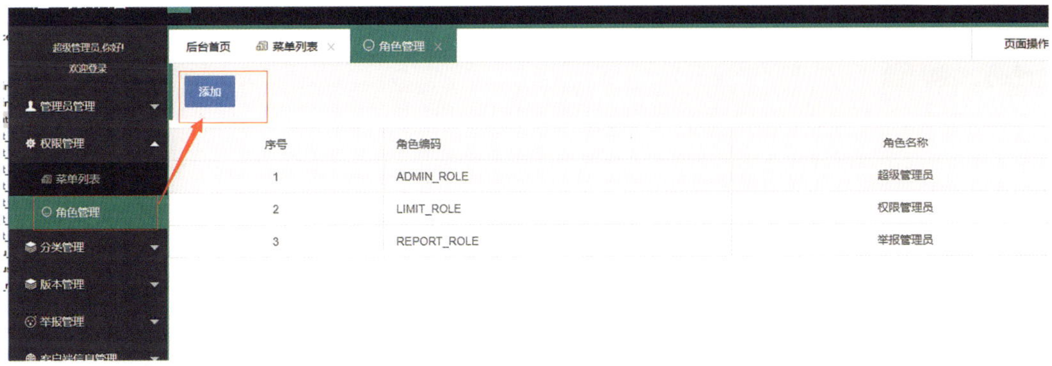

图8.50　趣包装系统角色管理页面一

新增界面，填写角色编码、角色名称，提交后会在角色列表中显示，如图8.51所示。

新增用户或修改用户，以及新增菜单或修改菜单时，角色分配将显示新增的角色信息，比如新增用户，将会有新增的测试角色选项，如图8.52所示。

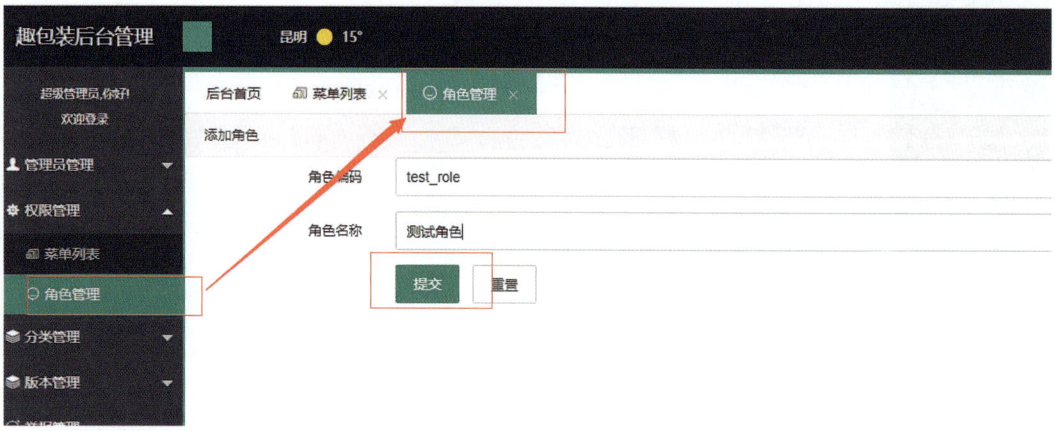

图8.51 趣包装系统角色管理页面二

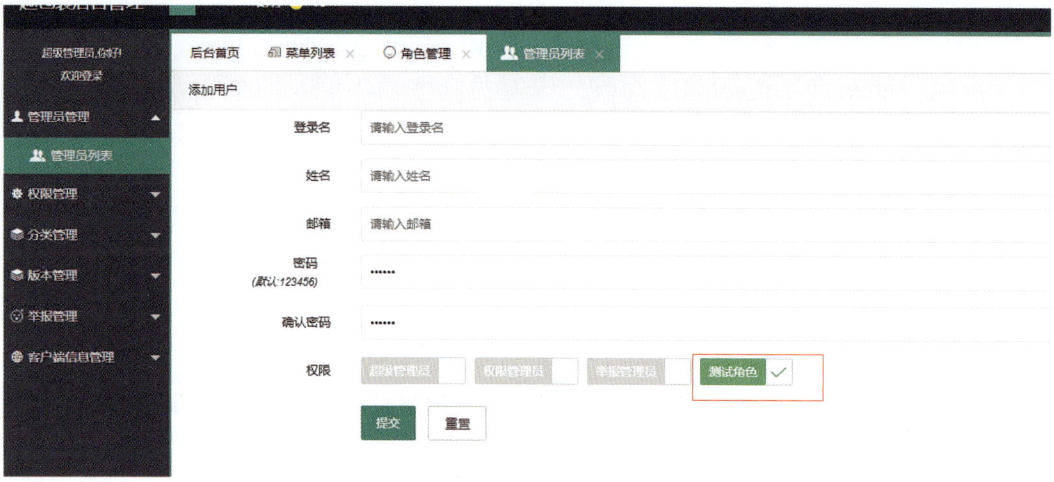

图8.52 趣包装系统角色管理页面三

8.10.2.5 分类管理

分类管理主要包括客户端产品分类信息、上传图片、信息说明、在客户端展示给客户直观的产品信息。

①新增分类。

操作步骤：点击“分类管理”→“分类列表”→“添加”按钮，进入分类信息填写页面，如图8.53所示。

填写菜单相关信息，上传分类文件信息，如图8.54所示。

提交成功后分类列表将显示新增分类信息，如图8.55所示。

②修改分类。

操作步骤：点击“分类管理”→“分类列表”按钮，选择需要修改的数据，

图8.53 趣包装系统分类管理页面一

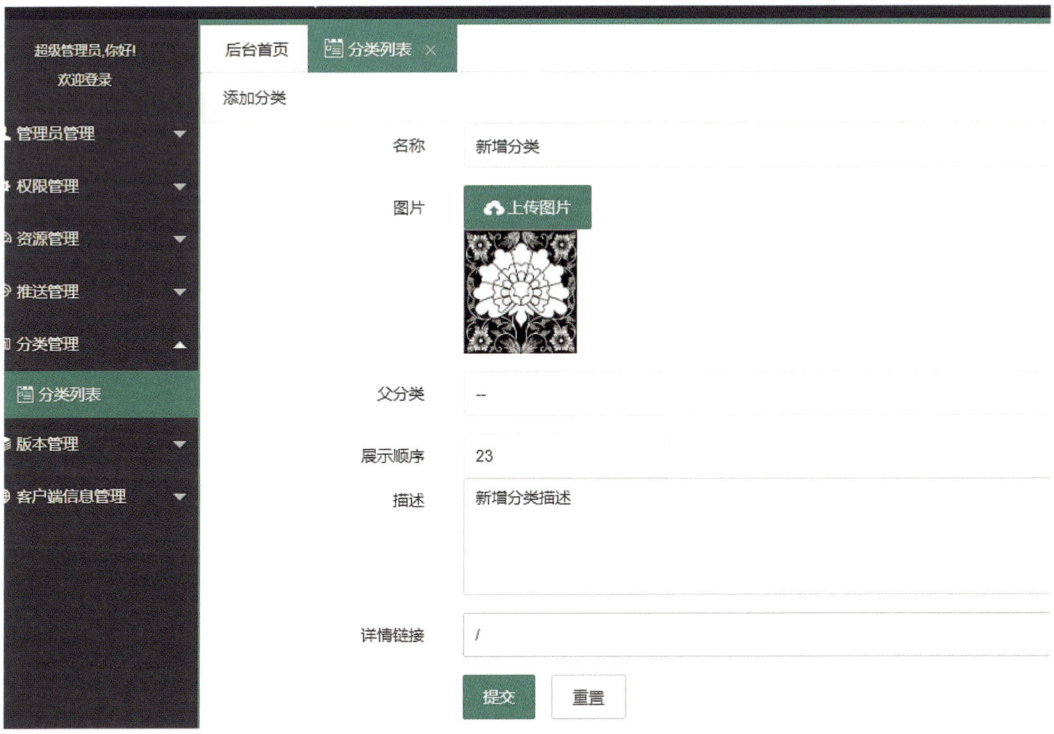

图8.54 趣包装系统分类管理页面二

图8.55　趣包装系统分类管理页面三

点击“编辑”按钮，进入分类信息修改页面，如图8.56所示。

修改页面信息，如图8.57所示。

提交后返回分类页面，如图8.58所示。

③删除分类。

操作步骤：点击“分类管理”→“分类列表”按钮，选择需要删除的数据，点击“删除”按钮，如图8.59所示。

8.10.2.6　版本管理

①新增版本。

操作步骤：点击“版本管理”→“版本列表”→“添加”按钮，进入版本信息填写页面，如图8.60所示。

填写版本信息，上传版本资源文件，如图8.61所示。

保存后，版本列表将显示新增版本信息，如图8.62所示。

图8.56　趣包装系统分类管理页面四

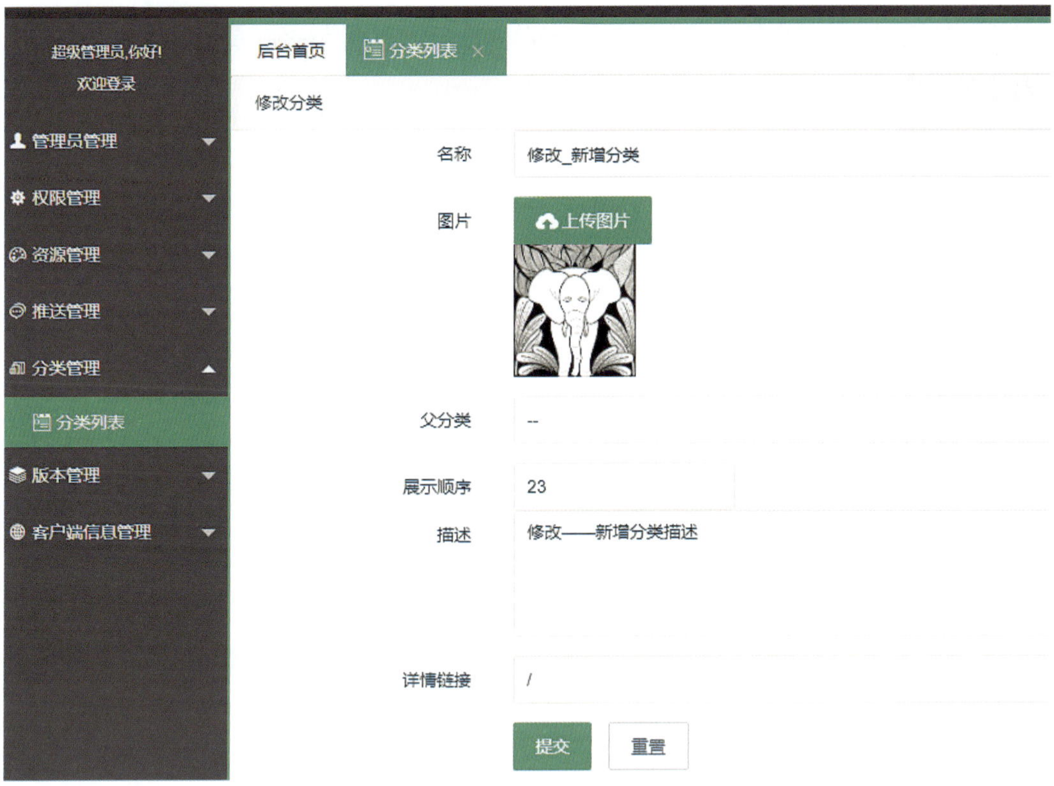

图8.57 趣包装系统分类管理页面五

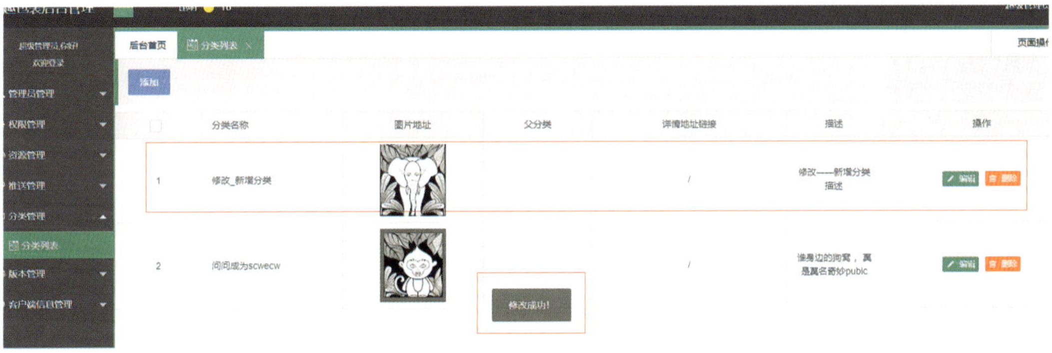

图8.58 趣包装系统分类管理页面六

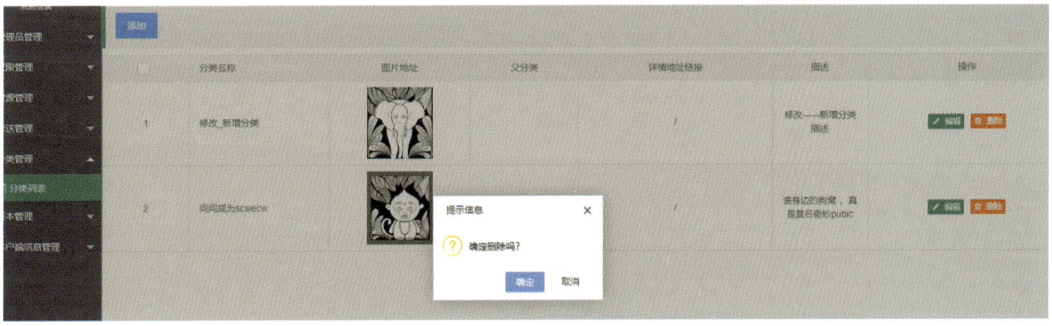

图8.59 趣包装系统分类管理页面七

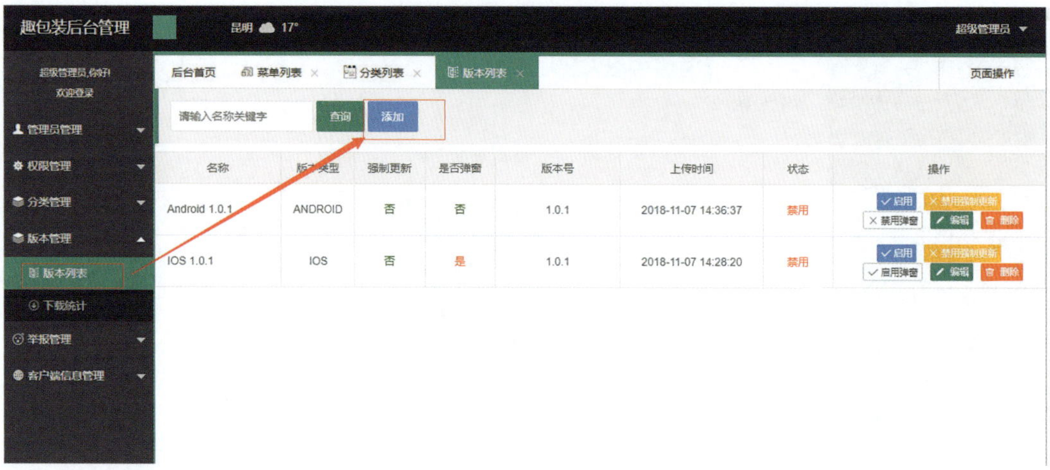

图8.60　趣包装系统版本管理页面一

图8.61　趣包装系统版本管理页面二

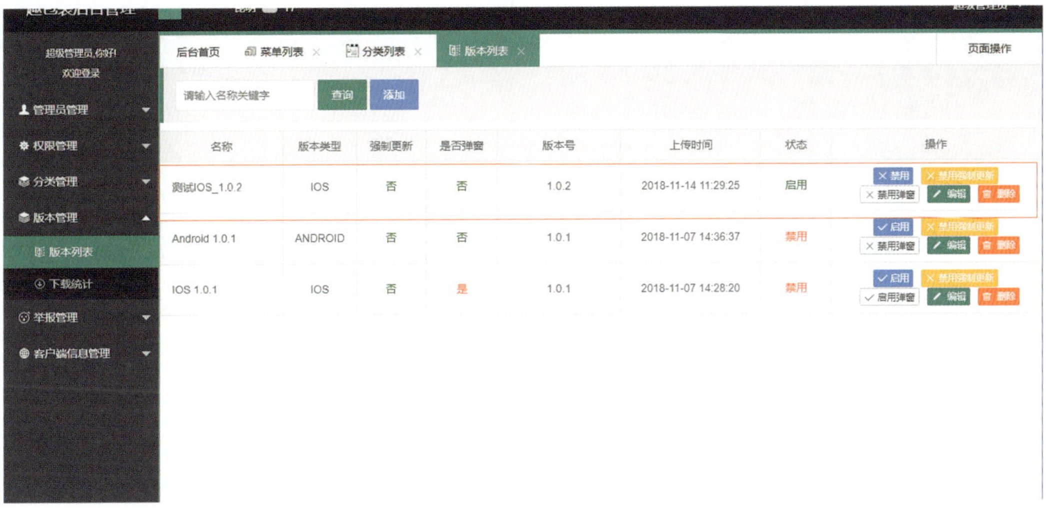

图8.62　趣包装系统版本管理页面三

②禁用或启用版本。

禁用操作步骤：点击“版本管理”→“版本列表”按钮，选择需要“禁用”版本，如图8.63所示。

启用操作步骤：点击“版本管理”→“版本列表”按钮，选择需要“启用”版本，如图8.64所示。

图8.63　趣包装系统版本管理页面四

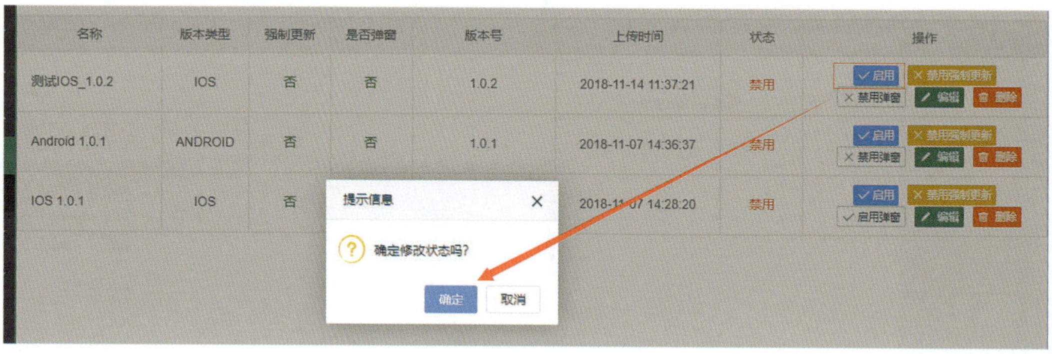

图8.64 趣包装系统版本管理页面五

③禁用或启用强制更新版本。

禁用强制更新操作步骤：点击“版本管理”→“版本列表”按钮，选择需要“禁用强制更新”版本，如图8.65所示。

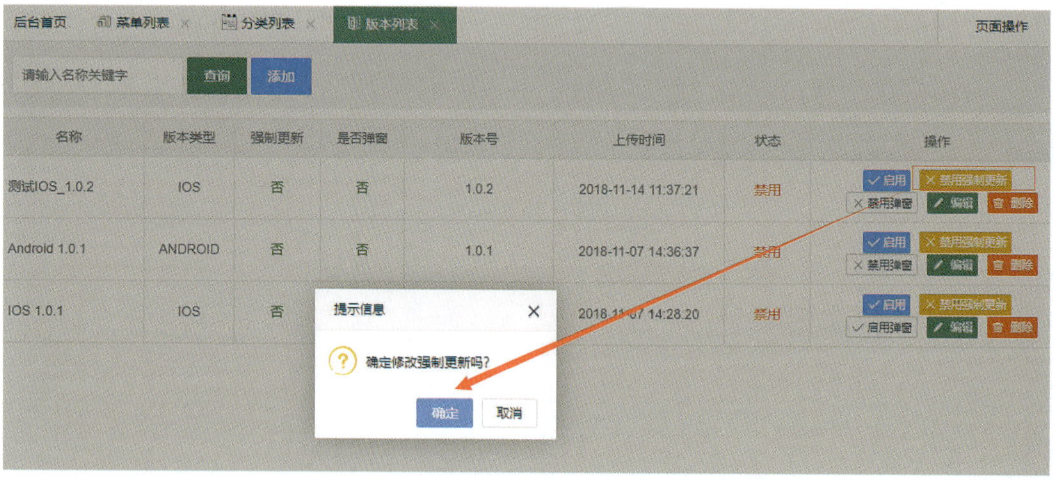

图8.65 趣包装系统版本管理页面六

启用强制更新操作步骤：点击“版本管理”→“版本列表”按钮，选择需要“启用强制更新”版本，如图8.66所示。

④禁用或启用弹窗。

禁用弹窗操作步骤：点击“版本管理”→“版本列表”按钮，选择需要“禁用弹窗”版本。

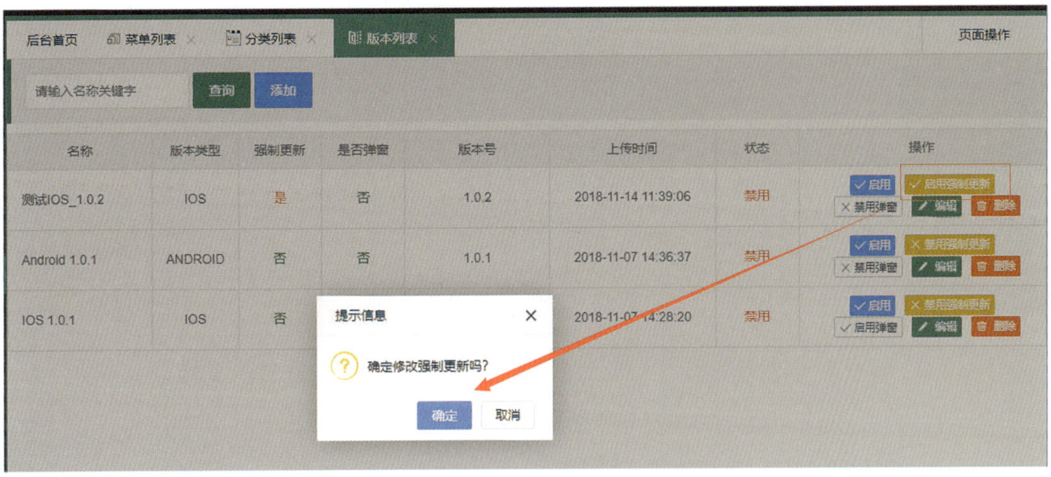

图8.66 趣包装系统版本管理页面七

启用弹窗操作步骤：点击“版本管理”→“版本列表”按钮，选择需要“启用弹窗”版本，如图8.67所示。

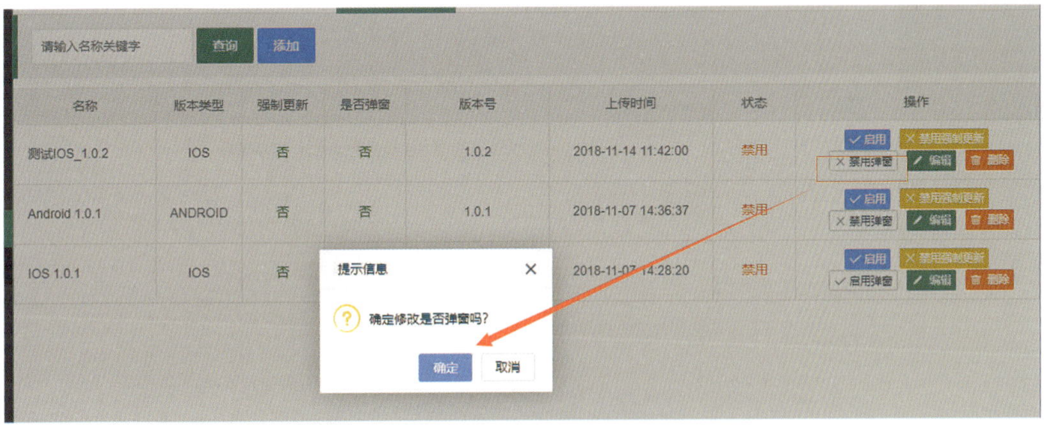

图8.67 趣包装系统版本管理页面八

编辑版本操作步骤：点击“版本管理”→“版本列表”按钮，选择需要“编辑”的版本，如图8.68所示。

进入编辑页面，修改需要修改的版本号，如图8.69所示。

提交修改后，版本列表将显示修改的版本信息，如图8.70所示。

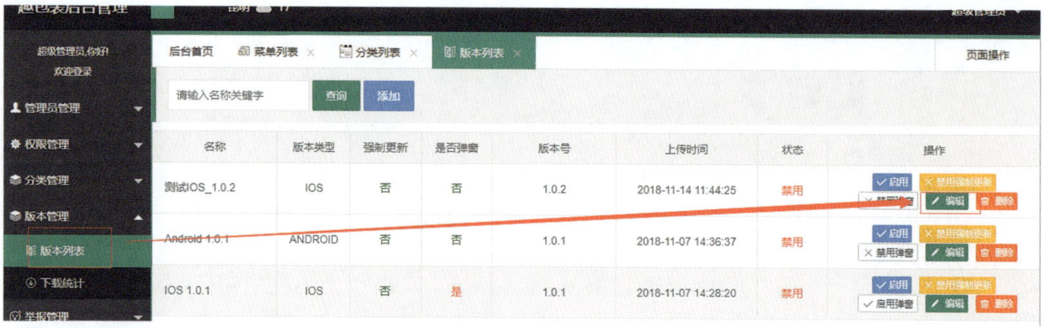

图8.68　趣包装系统版本管理页面九

图8.69　趣包装系统版本管理页面十

图8.70　趣包装系统版本管理页面十一

删除版本，如图8.71所示。

确认删除后，版本列表将不再显示版本信息，如图8.72所示。

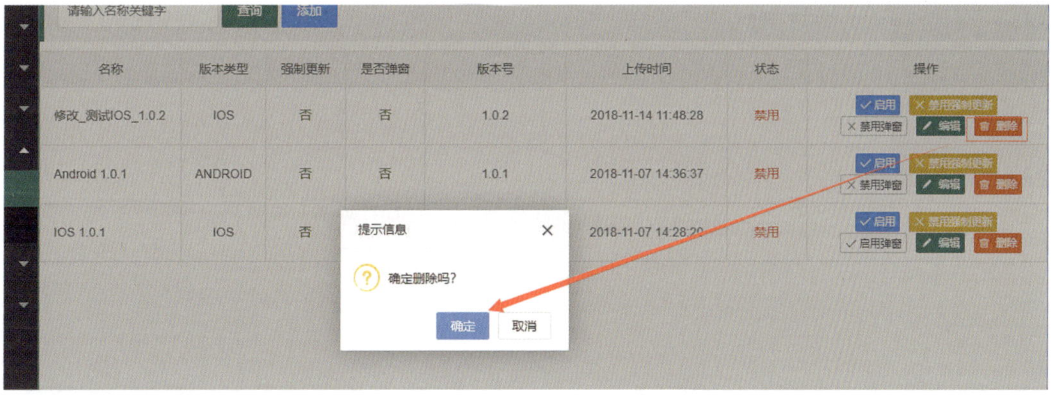

图8.71 趣包装系统版本管理页面十二

图8.72 趣包装系统版本管理页面十三

8.10.2.7 推送管理

操作步骤：点击“推送管理”→“推送列表”→“添加”按钮，进入推送信息填写页面，如图8.73所示。

推送信息填写页面，包括推送主题、推送内容、推送描述，如图8.74所示。

提交推送将提示推送信息是否正确，推送成功后，返回推送列表，可以选择重新推送，如图8.75所示。

图8.73　趣包装系统推送管理页面一

图8.74　趣包装系统推送管理页面二

图8.75　趣包装系统推送管理页面三

8.10.2.8 客户端信息管理

客户端信息管理，主要是管理客户端相关信息，包括客户端用户、照片墙、评论、举报、统计分析。

①客户端用户管理。

操作步骤：点击“客户端信息管理”→“客户端用户管理”按钮，进入客户端用户管理页面，如图8.76所示。

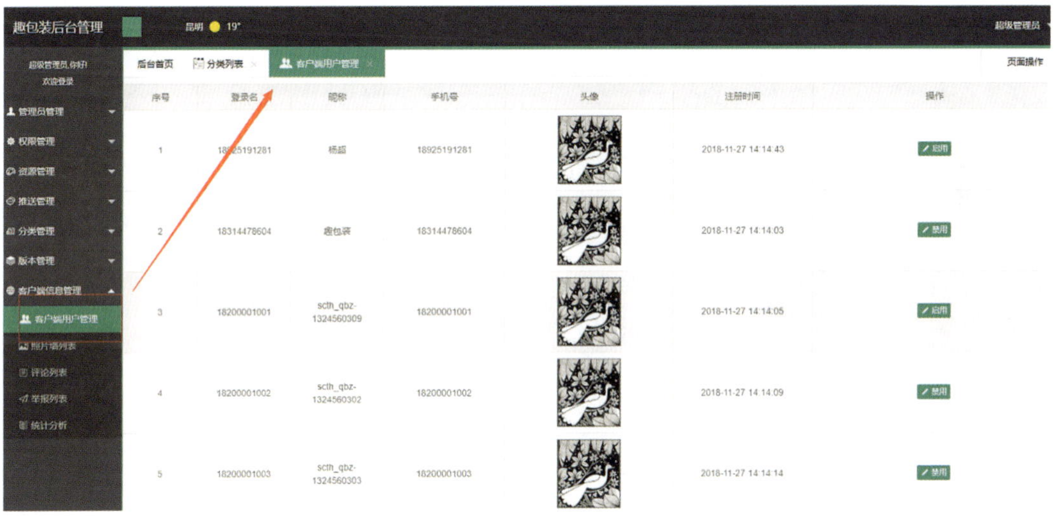

图8.76 趣包装系统用户管理页面

如果用户上传了违法内容，或是对系统不利的信息，管理员可以禁用用户，用户将不能登录系统，启用后才能再登录。

②照片墙列表。

操作步骤：点击“客户端信息管理”→“照片墙列表”按钮，进入照片墙列表页面，如图8.77所示。

客户端用户上传的照片或视频如果有什么违法或是对系统有害的信息，管理员可以禁用或直接删除照片墙信息。客户端用户可以修改被禁用的信息，被删除的照片墙将不再显示。

③评论列表。

操作步骤：点击“客户端信息管理”→“评论列表”按钮，进入评论列表页面，如图8.78所示。

④举报列表。

操作步骤：点击“客户端信息管理”→“举报列表”按钮，进入举报列表页面，如图8.79所示。

管理员可以根据举报的内容和被举报的信息进行审核，点击审核，进入审核页面。填写审核反馈信息，提交后返回举报列表，可以看到审核内容，审核后将不能再修改，如图8.80所示。

图8.77　趣包装系统照片墙列表页面

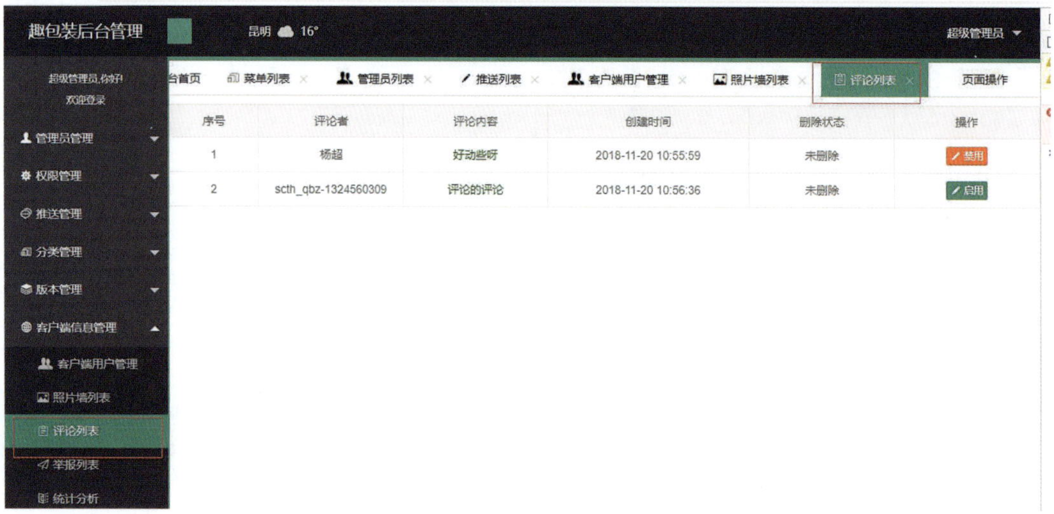

图8.78　趣包装系统评论列表页面

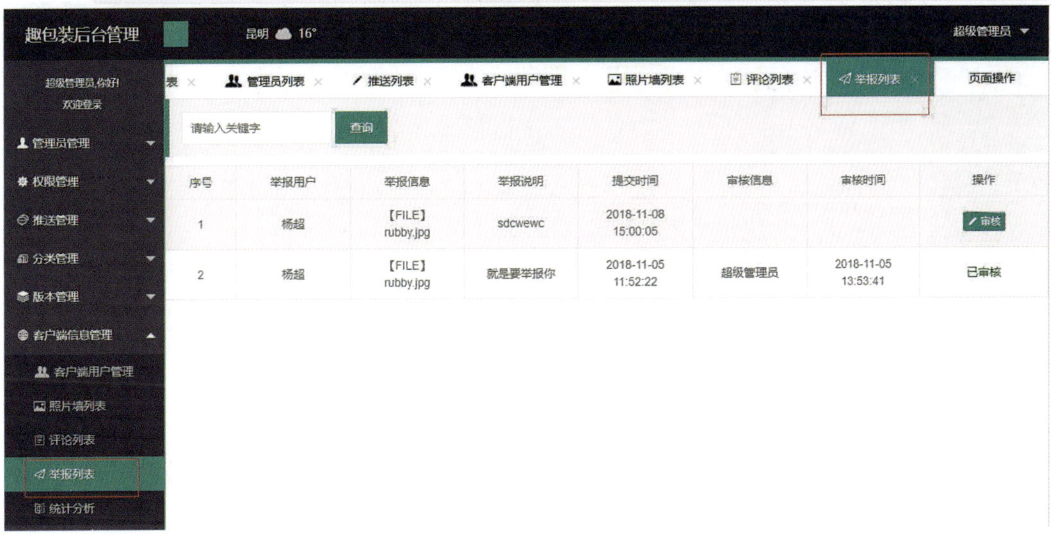

图8.79　趣包装系统举报列表页面一

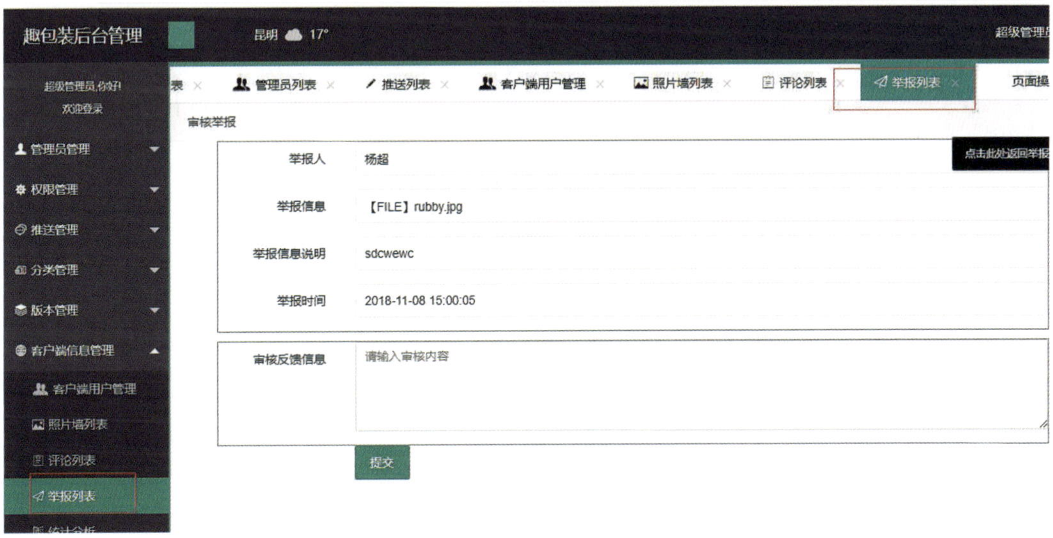

图8.80　趣包装系统评论列表页面二

⑤统计分析。

统计分析页面，如图8.81所示，主要统计客户的注册数、照片墙上传数，如果后续有什么需要统计，可再优化更新。

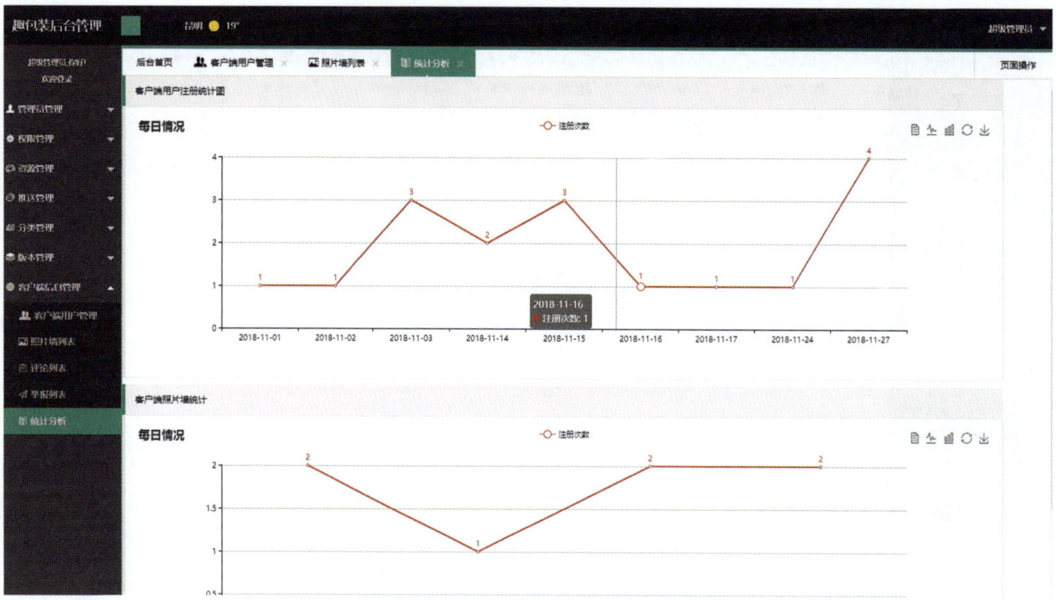

图8.81　趣包装系统统计分析页面

9

趣包装系统的卷烟包装设计实例

每个人心中都有各自的云南印象，以趣包装系统设计的卷烟包装采用黑白色调，配以增强现实（AR）“涂涂乐”功能，让体验者参与其中，涂出自己的云南七彩印象。本书示例设计分为三个系列，涵盖了自然动物、人文景观、民族特色内容，展现七彩云南独特的自然与人文特色。

9.1　自然系列

云南动植物资源丰富，享有“动物王国”和“植物王国”的美誉，自然系列选取云南特有的滇金丝猴、绿孔雀、亚洲象作为主体，配以植物景观陪衬，营造出云南动植物王国的自然观感。

9.1.1　金丝猴创意设计案例

金丝猴创意设计案例，见图9.1。

（1）平面设计

图9.1　金丝猴创意设计案例

（2）AR增强现实创意设计

图9.1 金丝猴创意设计案例（续）

9.1.2 亚洲象创意设计案例

亚洲象创意设计案例，见图9.2。

（1）平面设计

图9.2 亚洲象创意设计案例

（2）AR增强现实创意设计

图9.2 亚洲象创意设计案例（续）

9.1.3 孔雀创意设计案例

孔雀创意设计案例，见图9.3。

（1）平面设计

图9.3　孔雀创意设计案例

（2）AR增强现实创意设计

图9.3 孔雀创意设计案例（续）

9.2 人文景观系列

人文景观系列分别以世界文化遗产丽江古城、三坊一照壁的白族民居、傣族吊脚楼以及蝴蝶泉的美丽传说为主题，通过各具特色的建筑风貌和精彩有趣的传说故事映射出各民族丰富多彩的生活方式及人文风貌。

9.2.1 傣族吊脚楼创意设计

傣族吊脚楼创意设计案例，见图9.4。

（1）平面设计

图9.4　傣族吊脚楼创意设计案例

（2）AR增强现实创意设计

图9.4 傣族吊脚楼创意设计案例（续）

9.2.2 白族民居创意设计案例

白族民居创意设计案例，见图9.5。

（1）平面设计

图9.5 白族民居创意设计案例

（2）AR增强现实创意设计

图9.5 白族民居创意设计案例（续）

9.2.3　丽江古城创意设计案例

丽江古城创意设计案例，见图9.6。

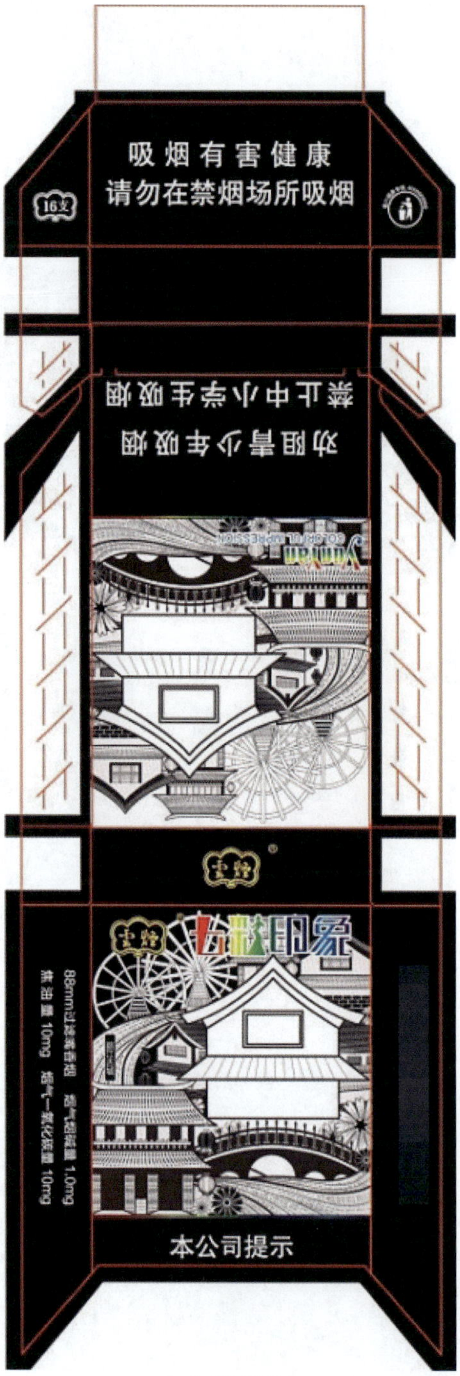

（1）平面设计

图9.6　丽江古城创意设计案例

（2）AR增强现实创意设计

图9.6 丽江古城创意设计案例（续）

9.2.4 蝴蝶泉创意设计案例

蝴蝶泉创意设计案例，见图9.7。

（1）平面设计

图9.7　蝴蝶泉创意设计成果

（2）AR增强现实创意设计

图9.7 蝴蝶泉创意设计成果（续）

9.3 民族系列

民族系列以精美的彝族刺绣和傣族织锦图案为灵感，提取特色图案进行重构设计运用于包装上，展现了精巧的技艺和丰富多样的民族文化。

9.3.1 彝绣创意设计案例

彝绣创意设计案例，见图9.8。

（1）平面设计

图9.8 彝绣创意设计案例

（2）AR增强现实创意设计

图9.8 彝绣创意设计案例（续）

9.3.2 傣锦创意设计案例

傣锦创意设计案例，见图9.9。

（1）平面设计

图9.9　傣锦创意设计案例

（2）AR增强现实创意设计

图9.9　傣锦创意设计案例（续）

9.4 结语

作者对于卷烟产品包装的交互化和趣味化研究的成果主要以用户为中心设计，关注消费者的心理和内心真实的感受，使得卷烟包装和消费者的联系变得更加紧密。在卷烟包装设计中还要更加强调设计的趣味性、情感性，以及用户和产品的体验与互动，并且提高产品包装的感官体验、情感体验、思考体验、行为体验和关联体验，让“产品、包装、用户”三者产生情感上的交流。通过对现代消费群体的认知心理和现代市场经济形式下大众消费心理变化的分析，着眼于“融入AR移动互联网+卷烟产品包装”的包装设计与系统的研发，实现消费者与卷烟包装之间的互动，让卷烟包装不再只是简单的产品包装，而是成为消费者之间的互动纽带。本设计成果首次融入卷烟包装上色和AR实时上色功能，打破传统包装与消费者之间的距离，赋予卷烟包装新的活力，使卷烟产品包装通过AR功能以及上色功能，吸引消费者的注意，诱发消费者的购买欲望。将人文自然以及民族特色注入卷烟包装设计的研发中，利用AR和现代制作工艺，实现卷烟包装设计的结构创新和平面创新，以满足用户多样化、个性化的要求，吸引人们去亲身体验、主动购买，不仅能够满足消费者追求主动的心理诉求，也能增强企业在市场中的竞争力。

参考文献

［1］ 陈小林．包装设计［M］．成都：四川美术出版社，2010．

［2］ 范凯熹．包装设计［M］．上海：上海画报出版社，2012．

［3］ 蔺华．大师访谈——云计算推动商业与技术变革［M］．北京：电子工业出版社，2011．

［4］ 杰里米·里夫金．第三次工业革命［M］．张体伟，孙豫宁，译．北京：中信出版社，2012．

［5］ 陆红阳．现代元素包装设计［M］．南宁：广西美术出版社，2006．

［6］ 黄浩．中式香烟包装设计研究——以白沙香烟品牌系列包装设计为例［D］．长沙：中南林业科技大学，2013．

［7］ 江平．“黄鹤楼”品牌异型烟包装创新设计研究［D］．武汉：湖北工业大学，2010．

［8］ 齐瑞文，杨明朗，黄婉春．TRIZ创新理论在卧式卷烟包装盒设计中的运用［J］．包装工程，2006（1）：140-141，161．